Coupe Junkies

棍子麵包
歐式麵包
山形土司

揉麵&漂亮成型烘焙書

烘焙外型迷人的可口麵包

本書特別挑選棍子麵包‧歐式麵包‧山形土司此三款外型獨特的麵包為例，以圖文步驟詳細解說麵包的塑型及烘焙技巧。努力追求最完美麵包「外型」的你，一起跟著步驟動手作作看吧！

提及麵包烘焙，特別是硬質麵包，相信第一次挑戰的初學者一定很多。為此，在本書中將一般烘焙食譜經常省略、較細微的作業過程，以深入淺出的圖表作說明，加深對烘焙步驟的印象。

因考量在自家操作的便利性，部分作法與一般專業麵包師有所差異，即使素人烘焙無法像麵包師傅如此神乎其技，或擁有專業級的烤箱設備，但本書仍努力傳授外型到位、趨近完美的麵包作法。

利用改良自傳統麵包的烘焙理論，作出色香味俱全的麵包，還有什麼比這個更令人振奮的呢？

「想要更深入地了解烘焙！想要烘焙出更吸睛的麵包！」這樣的動機，如浪潮般不斷湧現在心中。

我們很樂意看到大家在閱讀了這本書後，能滿心歡喜地一頭栽進麵包的世界裡，被外型吸引而嘗試作麵包的你，可是會越作越上癮喔！

2011年1月某日

vivian 山下珠緒
そらまま。倉八冴子

Coupe Junkies

Coupe是指烘焙棍子麵包之類硬質麵包時，為了讓麵團中的水分適量蒸發，在送入烤箱前，先於麵團表麵劃上切痕的「裂紋」。麵團在烤箱中逐漸膨脹變大，Coupe會漂亮地裂出一道開口，烤出個性十足的麵包。記得第一次烤棍子麵包時，從烤箱中取出的，竟然是與想像的外型截然不同的麵包。那種前所未有的打擊，讓我陷入每天瘋狂烤麵包的日子，內心鬱悶地吶喊著：「裂紋沒開……」心中甚至還不斷出現「從今以後我絕對不再烤麵包！」的念頭。即便有過低潮，但直到此刻我還是全身沾著麵粉，睜大眼盯著烤箱瞧。而所謂Coupe Junkies就是為了形容「每天像笨蛋一樣憑著一股傻勁猛烤著麵包」的我們呢！

Contents

Baguette

Campagne

Tin Bread

 烘焙用具

以下介紹烘焙麵包時，使用的基本器具。

A 電子秤
能秤量0.1g至3kg的電子秤。
請準備最小單位至0.1g的電子秤。

B KitchenArt計量匙
能計量至1/8小匙的計量匙。
計量速發乾酵母時使用（詳細說明請參閱P.18）。

C 調理盆
攪拌、發酵時使用。使用大（2.8*ml*）、中（1.9*ml*）、小
（900*ml*）三種類型。小調理盆可裝入棍子麵包1條份；
中調理盆可裝入歐式麵包1個份、山形土司1斤份的材
料。大調理盆則可裝入超大歐式麵包（P.78）等材料。

D 攪拌器

E 塑膠刮刀
攪拌時使用。

F 刮板（切麵刀）
攪拌或切割時使用。

G 顆粒擀麵棍（壓出氣體用）
主要為山形土司成型時使用。

H 揉麵發酵板
揉麵團或成型時使用。

I 計時器
計算發酵或中間發酵等時間時使用。

J 麵團發酵布（發酵帆布）
可抑制麵團發黏、防止乾燥。

K 粉篩計量罐
均勻撒上手粉或裸麥粉時使用。
亦可以濾茶網來代替，進行均勻篩粉。

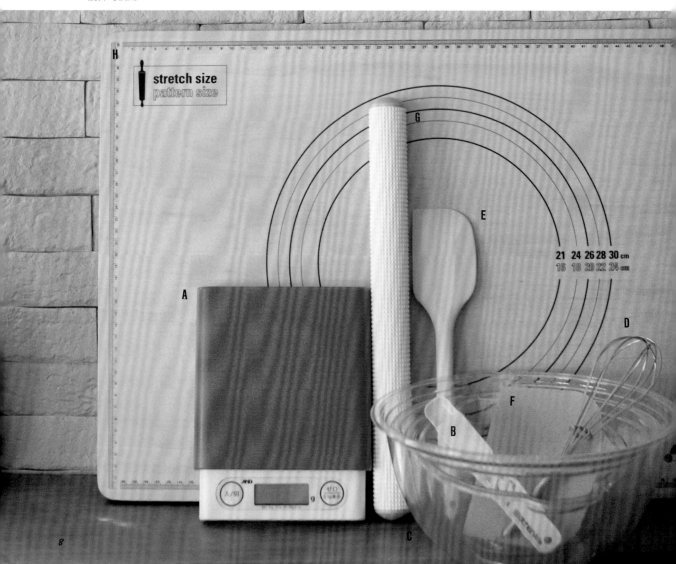

L 保鮮膜
覆蓋於麵團表面，以防止乾燥。

M 布
先以水沾濕，再用力擰乾後，覆蓋於麵團表面，
以防止乾燥。

N 噴霧器
於麵團上噴上霧狀水珠，增加濕度時使用。

O 割紋刀
於麵團上切割出裂紋。
使用刀刃薄，且可汰換刀片的割紋刀。

P 平烤盤
為了能有效利用烤箱內最大的使用空間，
使用不銹鋼製的平烤盤（詳細說明請參閱P.17）。

Q 銅板
烤箱下火較弱及不足時使用（詳細說明請參閱P.17）。
新品的表面原為美麗的赤銅色，但經使用過後，會如下
圖所示呈焦黑貌。

R 烘焙紙
鋪於麵團下方，以便放入烤箱烘烤。

S 工作手套
一次戴上兩層手套，以預防烘烤時高溫燙傷。
請選擇100%棉製品。

T 麵包機
山形土司麵團使用麵包機進行揉麵。
本書使用Panasonic 1斤型麵包機SD-MB103-D及舊
National的SD-BT113。
（本書食譜所標示的揉麵時間，兩台機種皆適用）

🏠 烘焙材料

以下介紹烘焙麵包時，使用的基本烘焙材料。

● 粉類

A MAISON KAYSER TRADITIONAL
法國麵包專用的中高筋麵粉，能烤出香脆可口的麵皮。
製作棍子麵包與歐式麵包時皆可使用。

B HARUYUTAKA BLEND
以北海道產小麥粉「HARUYUTAKA」為主，調製而成的
日本國產小麥混合高筋麵粉，本書於製作山形土司時使
用。若無法購得亦可使用「香麥」替代。

C LA TRADITION FRANCAISE
法國麵包專用的中高筋麵粉。本書使用於麵心柔軟濕潤
の法式長棍（P.38）。用來製作具有嚼勁口感的厚膜氣孔，
以此款中高筋麵粉最為適合。

D 裸麥粉（細顆粒）
推薦於棍子麵包、歐式麵包麵團的表面塑型時使用。香
氣濃醇，且可讓麵包外型更具魅力。

● 酵母

E saf 速發乾酵母（紅標）
具有強力、穩定發酵力的乾酵母。於爽脆有嚼勁的法式
長棍（P.22）中使用。在巨口裂紋的圓形十字歐式麵包
（P.52）中，為了控制發酵，也稍微使用一些。

F 星野丹澤酵母法國麵包種
是一款發酵力穩定的天然酵母。圖示為起種時的狀態
（起種方式請參閱→P.14）。本書於製作歐式麵包與山
形土司時使用。

G 綠葡萄乾天然酵母
利用綠葡萄乾起種的天然酵母（起種方式請參閱→
P.15）。製作棍子麵包、歐式麵包及山形土司時皆可使
用。

● 水

H Contrex 礦泉水
製作硬質麵包時使用硬水，可使麵團更加緊實。若是
在意硬水的特殊氣味，可稍微混合飲用水稀釋。

I 飲用水
為避免麵團中摻入不必要的物質，請以淨水器過濾後
的飲用水製作，亦可搭配硬水混合使用。

● 鹽 · 砂糖

J 鹽
本書主要使用Guerande海鹽。以一般的食用鹽製作亦
可。

K 砂糖
本書使用上白糖製作山形土司的麵團。亦可依個人喜
好，使用發散自然甜味的蔗糖製作。

● 油脂

L 奶油
本書使用於濕潤鬆軟的山形土司（P.84）。以發酵奶
油製作，風味較為濃醇，但以未發酵的奶油（無鹽）
替代亦可。

M 食用油噴霧罐
在山形土司的麵包模上，薄薄地噴灑上一層食用油，
可使麵包較易脫模。若無法購得，亦可塗上起酥油替
代。

P.8至P.12的器具與材料，在以下的商店購買。
※除了道具M、S之外。
· cuoca　http://www.cuoca.com
· プロフーズ　http://www.profoods.co.jp
· 淺井商店　http://www.rakuten.ne.jp/gold/asai-tool
· Shop-OS　http://www.rakuten.co.jp/shopos（烘焙用具P、Q）

配合作息
規劃烘焙時間表

由於我們都是有小孩的家庭主婦,在孩子們起床之前,可說是我們最自由的時間。也正因如此,前置作業的時程大致都在安排前一天完成,早上再將麵團放入烤箱烘烤。

不論您是家庭主婦或上班族,都可依自己的生活步調,調整作業時間。建議不妨將麵團第一次發酵結束的時間,設定在最空閒的時候,而作業的關鍵則在於事先完成麵團的前置流程。

※右側時間表為各款麵包的基本食譜製作時間規劃表。

🕐 氣候&發酵溫度

本書以晚春至初夏、晚夏至初秋左右的氣候為基準,並以下列的溫度作為參考值。

> 室溫＝22℃至25℃
> (使用發酵器則設定為22℃)
> 溫暖處＝30℃至33℃
> 冷藏室＝2℃至4℃

※置於室溫下長時間發酵,即使氣溫稍微偏低,隨著時間的增加,仍可順利的進行。

※置於溫暖處發酵,則可運用烤箱的發酵功能,或將熱水注入保麗龍等方式,以確保溫度維持在一定的高溫。

※放入冷藏室時,請勿置於蔬果室或冰鮮室,務必放入冷藏室中,且冷藏室的空間請勿放入過多其他食品。關於冷藏室的使用方法,請參照P.108。

※製作棍子麵包、歐式麵包時,在尚未掌握手感之前,建議不要過度發酵,即可進入成型階段。因為過度發酵的麵團,不僅處理不易,裂紋也不易裂得漂亮。

※無論在何種情況下進行發酵,皆須視季節與麵團的狀況,調整發酵時間的長短。

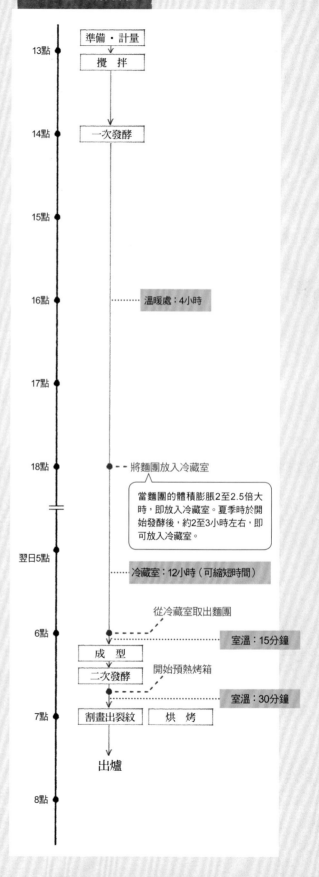

棍子麵包製作排程

- 13點 準備・計量
- 攪拌
- 14點 一次發酵
- 15點
- 16點 ……… 溫暖處：4小時
- 17點
- 18點 --- 將麵團放入冷藏室

當麵團的體積膨脹2至2.5倍大時,即放入冷藏室。夏季時於開始發酵後,約2至3小時左右,即可放入冷藏室。

- 翌日5點 ……… 冷藏室：12小時 (可縮短時間)

從冷藏室取出麵團

- 6點 室溫：15分鐘
- 成型
- 二次發酵 開始預熱烤箱
- 室溫：30分鐘
- 7點 割畫出裂紋 烘烤
- 出爐
- 8點

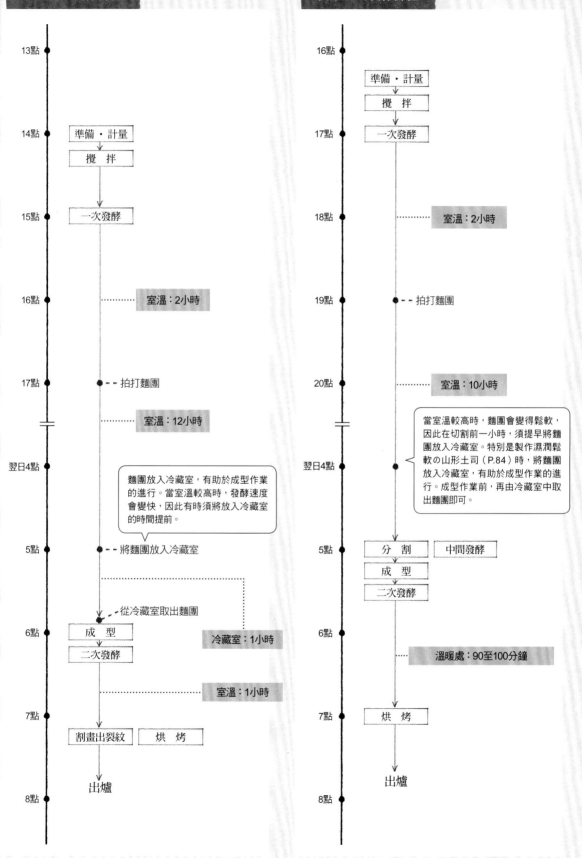

歐式麵包製作排程

13點

14點　準備‧計量
　　　　攪　拌

15點　一次發酵

16點　·········　室溫：2小時

17點　●--拍打麵團
　　　　·········　室溫：12小時

翌日4點

麵團放入冷藏室，有助於成型作業的進行。當室溫較高時，發酵速度會變快，因此有時須將放入冷藏室的時間提前。

5點　●--將麵團放入冷藏室

　　　　---從冷藏室取出麵團

6點　成　型　　　　　冷藏室：1小時
　　　　二次發酵

　　　　·········　室溫：1小時

7點　割畫出裂紋　　烘　烤

　　　　出　爐

8點

山形土司製作排程

16點　準備‧計量
　　　　攪　拌

17點　一次發酵

18點　·········　室溫：2小時

19點　●--拍打麵團

20點　·········　室溫：10小時

當室溫較高時，麵團會變得鬆軟，因此在切割前一小時，須提早將麵團放入冷藏室。特別是製作濕潤鬆軟の山形土司（P.84）時，將麵團放入冷藏室，有助於成型作業的進行。成型作業前，再由冷藏室中取出麵團即可。

翌日4點

5點　分　割　　　中間發酵
　　　　成　型
　　　　二次發酵

6點　·········　溫暖處：90至100分鐘

7點　烘　烤

　　　　出　爐

8點

三種酵母的使用法

本書分別使用速發乾酵母、星野丹澤酵母法國麵包種、綠葡萄乾天然酵母等三種酵母。
請依想要烘焙的麵包種類，挑選合適的酵母，享受隨心所欲手作麵包的樂趣。

速發乾酵母為適合麵包發酵的酵母。建議第一次烘焙棍子麵
包時，使用速發乾酵母較為方便。
使用星野等天然酵母時，可藉由添加些許的速發乾酵母，確保
發酵力的穩定，且可縮短發酵的時間。
透過添加速發乾酵母，麵包的口感也會隨之改變。若想要烘焙
出較為清爽的麵包時，建議加入些許速發乾酵母。

● **速發乾酵母的優點**
· 簡單方便
· 發酵力強且穩定
· 口感較清淡爽口

● **使用速發乾酵母的食譜**
→ 爽脆有嚼勁の法式長棍（P.22）等

能烘焙出天然酵母獨有的濃郁風味，且發酵力亦屬較為穩定
的酵母種。由於從包裝袋中取出的酵母仍處於乾燥的睡眠狀
態，使用前必須從培養生種酵母開始。

＜星野生種的起種方法＞
1. 將100g約30℃的溫開水倒入容器中，一邊加入50g的麵包種，一邊
   攪拌均勻。培養溫度以28℃為基準值。
2. 在容器上加蓋，靜置於27℃至30℃（溫度保持不超過30℃）之
   處。待20小時左右，表面會產生大量的氣泡，體積也會大幅增
   加。
3. 從放入容器之後，約經過24至30小時，體積會回復到原來的樣
   子，表面開始出現較細緻的氣泡，變成清爽滑順的狀態。此時雖
   然也能直接使用，但移至冷藏室再放置10小時左右，發酵力會更
   加穩定。
※只要使用星野天然酵母指定的麵包機，或星野天然酵母自動發酵器，即可在
任何季節&溫度之下培養出品質穩定的生種。
※培養完成的生種，請放入冷藏室（4℃）保存，並於10至14天內使用完畢。

● 使用星野丹澤酵母法國麵包種的食譜
→ 巨口裂紋の圓形十字歐式麵包（P.52）
→ 濕潤鬆軟の山形土司（P.84）等

圖片提供 cuoca／有限公司 星野天然酵母麵包種

綠葡萄乾天然酵母

綠葡萄乾酵母是天然酵母中，擁有較強發酵力與穩定性的酵母種，推薦以此作為天然酵母的第一步。相較於星野酵母，雖然起種與麵包發酵所需的時間較長，但是能烘焙出溫潤的風味。培育酵母的時間大約為4至6日。

＜綠葡萄乾天然酵母液的起種方法＞

● 材料
- 綠葡萄乾
  （表面無添加油脂之物）……45g
- 飲用水……225g
- 砂糖……1小匙

● 作法
1. 將附有瓶蓋的玻璃瓶煮沸消毒，放涼後放入材料，再蓋上蓋子封口。靜置於約28℃之處。
2. 每天打開蓋子一次，輕輕搖晃瓶身後，再蓋上蓋子。
3. 經過2至3天，葡萄乾會逐漸浮上水面。
4. 當打開蓋子，表面出現不斷冒出氣泡時，改放入冷藏室一天，即可完成。

● 使用綠葡萄乾天然酵母液的食譜
→ 麵心柔軟濕潤の法式長棍（P.38）等

綠葡萄乾秤重　　飲用水秤量　　第一天

第二天　　　　　第三天　　　　第四天

※圖中時值8月，氣溫約為27℃至30℃。若氣溫低於此標準值，則時間須往後拉長。

＜元種作法＞

使用天然酵母來烘焙歐式麵包或山形土司時，請盡可能地少量培養元種，建議以一次或兩次能使用完畢的量為基準，或於每次製作只添加一次製作所需的量來烘焙。

1　　　　2　　　　3

4　　　　5　　　　6

● 使用綠葡萄乾天然酵母液的食譜　自家製酵母の
→ 天然酵母の鬆軟歐式麵包（P.73）
→ 天然酵母の Q彈山形土司（P.99）等

● 材料
- 粉類……80g × 2份（合計160g）（製作歐式麵包時，全麥粉與中高筋麵粉各50％；山形土司則為高筋麵粉100％）
- 綠葡萄乾天然酵母液……製作歐式麵包時，56g× 2份（合計112g）；山形土司則是48g × 2份（合計96g）

● 作法
1. 將一份粉類放入有深度的容器內並確實量測重量。
2. 再量妥一份綠葡萄乾天然酵母液，倒入步驟1中。
3. 以筷子繞圈的方式進行攪拌。沒有完全拌勻也無妨。
4. 蓋上蓋子，再以橡皮筋套在酵母液水平線的最高處作為標記，靜置於室溫下2至4小時左右。
5. 待體積膨脹至約2倍大時，放入冷藏室靜置1天（雖然靜置半天即可進行下一個步驟，但是放置一天較為穩定）。
6. 將步驟5從冷藏室取出，加入一份的粉類與綠葡萄乾天然酵母液，以筷子繞圈式攪拌後，再靜置於室溫下約2至4小時。待膨脹至約2倍大時，再放入冷藏室靜置1天即可完成。

※發酵完成的元種，置於冷藏室約可保存2至3天。一旦出現怪味（如酸臭味或黏著劑的味道般），表示有雜菌入侵繁殖，請直接丟棄，再重新起種。

※若想要多次烘焙天然酵母麵包，可持續加入粉類、酵母液或水，即可延續使用。若以粉量100％為比例，則請續添70％酵母液或水，置於室溫下2至4小時，再重複上述步驟5的流程。例如：粉量為100g時，則續添70g的酵母液或水，若短期間內即可用完畢，請添加酵母液；若想要長期延續使用，則請添加水即可。

靈活運用烤箱

麵包店與一般家庭最大的差別就在於烤箱。
所以請一邊補足家庭用烤箱的缺點，一邊確實掌握自家烤箱本身的特性，以物盡其用。
本章節就為大家介紹一些我們的獨家竅門。

1 使其產生水蒸氣

為使裂紋能漂亮地綻開，須讓烤箱內部產生水蒸氣。
如果家中烤箱具有水蒸氣功能，則可直接使用此功能；如果是瓦斯烤箱（無水蒸氣功能），則需使用預熱小石子的方式，加入熱水產生水蒸氣。以下將介紹無水蒸氣功能之電爐烤箱的使用方法。

瓦斯烤箱	無水蒸氣功能的 電爐烤箱、微波爐
1）於烤箱的下層，放上附屬烤盤。烤盤中舖滿小石子，再裝入上層烤盤後，開始預熱。	1）於烤箱的最下層，放上盛裝小石子的塔型烤模，並於其上放入烤盤後，開始預熱。
2）預熱結束後，將麵團放入烤箱，並將煮開的熱水（約100cc）倒入小石子中，再關上烤箱門。	2）預熱結束後，將麵團放入烤箱，並將煮開的熱水（約100cc）倒入小石子中，再關上烤箱門。
3）關閉電源，蒸悶約5分鐘。	3）關閉電源，蒸悶約5分鐘。
4）5分鐘後，再開啟烤箱電源，進行烘烤。	4）5分鐘後再度開啟烤箱電源，進行烘烤。

小石子使用園藝用碎石即可。

※以上是針對無水蒸氣功能的烤箱，利用手動方式產生水蒸氣的方法，非電器製造商所推薦的方法。因此有可能造成電器故障，請瞭解風險後再行嘗用。本社概不負任何責任。
※此方法為作者以自身使用的烤箱所測試出來的方法，不保證適用於全部的烤箱機種。各別烤箱有其獨特性，請務必熟悉自家烤箱的功能，適當調整溫度與時間。
※本書食譜所使用的烤箱為Panasonic 3星Bistro水蒸氣烘烤微波爐NE-R302與舊National的NE-W300（食譜所記的時間與溫度，兩款機型皆適用）。

2 以烤盤＋銅板的方式擴散熱度

為了烘焙出細長、俐落且外型極佳的棍子麵包，會盡其所能地利用烤箱的容量，而滿足此項要求的最佳解決方式在於烤盤的配置。為使蒸氣均勻充盈整個烤箱內部，請選用比烤箱內部尺寸短1cm的烤盤。此外，家庭用烤箱的缺點，通常都在於下火。特別是想要將麵包的外皮烤得酥脆時，可於烤盤的上方疊放一層銅板，以補足下火熱度較弱的缺點。

3 掌握烤箱內的溫度

即使溫度設定為300℃，溫度也有可能偏離300℃，這就是烤箱的習性。我時常會覺得烘烤狀況不佳，溫度似乎一直沒有上升……於是某日拿出烤箱溫度計測了一下溫度，發現烤箱內部比設定的溫度還要低呢！當手邊使用的烤箱，內部溫度較設定溫度低時，請延長預熱時間，或將溫度調高。

※用慣了的烤箱故障無法使用，重新再買同廠牌同型號的烤箱，使用起來卻不太順手，一直烤
　不好……有時也會遇到這類的情況。每台烤箱的特性差距甚大，如何掌握自家烤箱的特性，要
　從不斷烘焙中獲取經驗，無其他捷徑。請試著反覆細微調整，找出各個食譜最適合的溫度與
　時間。

製作前的準備作業

● 關於食譜的種類

本書以基本食譜、練習食譜、應用食譜、調味食譜、挑戰食譜分階段來介紹。
其各階段食譜的含義如下所示。

基本食譜 難度★★☆☆	練習食譜 難度★☆☆☆☆	應用食譜 難度★★★☆☆	調味食譜 難度★★★★☆	挑戰食譜 難度★★★★★
為了烤出外型絕佳的麵包所必備的基本食譜。基本食譜重視容易製作的份量與流程，建議初學者先從基本食譜開始著手練習。	成型作業較基本食譜更為簡單，也更易成功的食譜。請於基本食譜進行的不順，或時間緊湊時，改以練習食譜入門。	在基本食譜追求外型中，進一步以調整口感為目標的應用食譜。一旦基本食譜得心應手之後，請嘗試製作應用食譜。	在基本食譜或練習食譜中，加入內餡等副食材，調整出各種口味的食譜。偶爾烤來犒賞一下家人吧！	以棍子麵包與歐式麵包作為挑戰的食譜，介紹粉量加重且不易烘焙的食譜。雖然難度高，但一經熟稔後，烤出美味麵包會很有成就感喔！

● 關於材料的計量

本書使用的計量單位為，1大匙＝15cc、1小匙＝5cc。
麵包麵團的材料，以能計量至最小單位0.1g的電子秤來量測。
關於微量的速發乾酵母，由於無須嚴謹地計算重量，故以1小匙速發乾酵母＝約3g為前提，
使用KitchenArt計量匙，測量出1/8小匙後倒在紙上，再以目測方式分成3等分，視為1/24小
匙＝0.125g＝約0.1g。

KitchenArt計量匙

● 關於材料的烘焙比例

材料表的份量，除了g數之外，同時表示出烘焙比例。烘焙比例為以粉類的總量為100%，
則其他材料所占的份量比例。當材料份量（g數）增加或減少時，即可利用烘焙比例，計算
出全部材料的份量。

＜配合變更的例子＞

材料名	g數	烘焙比例
法國麵包專用中高筋麵粉	130g	100%
速發乾酵母	0.1g※	0.1%
鹽	2.3g	1.8%
水	88.4g	68%

※ 1%＝0.01
※低於0.01g則四捨五入。

當粉量增加至 160g 時
↓

法國麵包專用中高筋麵粉	160g	
速發乾酵母	0.2g※	←160g×0.1%＝0.16g＝約0.2g
鹽	2.9g	←160g×1.8%＝2.88g＝約2.9g
水	108.8g	←160g×68%＝108.8g

※速發乾酵母0.1g約為1/24小匙，0.2g約為1/16小匙（1/8的1/2）。

※關於使用元種的情況
使用天然酵母元種時，有兩種算法，分別
為：將放入元種裡的粉量也計入烘焙比例
的100%之中；將放入元種裡的粉量除外，
只把新加入的粉量計入烘焙比例的100%之
中。儘管這兩種算法皆屬正確，但本書以
P.15介紹的使用元種為前提，因此採用只
將新加入的粉量計入烘焙比例的100%之
中。所以P.15介紹的食譜之外的方法製作
元種時，烘焙比例也會隨之變動，所以請
讀者再自行重新計算。

Baguette

記得第一次烤棍子麵包時，那股失敗的衝擊。

從烤箱裡取出與想像中截然不同形狀的東西，

完全不搭軋變調的外型，

原本應該出現一道完美的裂紋也毫無動靜……

究竟是哪裡出了錯？為什麼烤不出想要的形狀呢？

完全摸不著的頭緒，信心受到雙重打擊，

心裡感到無比的懊惱，

讓我在接下來的日子裡，

陷入無止盡地烘焙棍子麵包的深淵裡。

這，就是一切的開端。

爽脆有嚼勁の
法式長棍

當我第一次製作棍子麵包時，便對那發黏且難以處理的麵團感到驚訝。

該如何處理，才能搞定這黏糊糊的麵團呢？這是烘焙棍子麵包必須面對的課題。

第一次製作時，請依加水量68%的基本食譜，試著烘焙出製作容易成型且裂紋容易綻開的棍子麵包。

初次試作一條棍子麵包時，使用的是發酵易於控制的Saf（速發乾酵母），並以作出有個性的裂紋與內藏許多氣孔的柔軟麵心為目標，來烘焙棍子麵包。

基本**食譜**
的重點

1 輪廓鮮明的大裂紋

均勻切割的裂紋裂開成明顯的開口，邊緣線條曲線整齊分明，裂紋帶則不間斷地保留於上。

2 快速成型的細長外觀

在成型的階段，麵團表面會擴張，一旦烤焙完成時，即刻迅速地塑型成細長、俐落的外型。

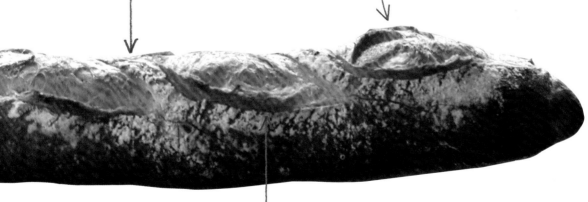

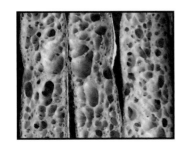

3 佈滿蜂巢氣孔的柔軟麵心

麵團的剖面有如蜂巢般的佈滿氣孔，帶有扎實且輕脆的口感。

準備・計量

● 器具

電子秤	攪拌發酵板
調理盆（小）	粉篩計量罐
量匙	麵團發酵布
攪拌器	烘焙紙
橡皮刮刀	割紋刀
保鮮膜	竹串
刮板	

● 材料　棍子麵包（長約 40 ㎝）1 條份

法國麵包專用粉（中高筋粉）	130g	100%
速發乾酵母	0.1g※	0.1%
鹽	2.3g	1.8%
水	88.4g	68%
裸麥粉	適量	
手粉	適量	

※ 速發乾酵母 0.1g 約為 1/24 小匙。

棍子麵包的長度，要視實際烤盤的對角線長度來決定。因此請配合自家使用的烤箱加以調整。
麵粉使用日清製粉的MAISON KAYSER TRADITIONAL。
水則分別使用一半的Contrex礦泉水與一半的飲用水。
手粉使用與麵團同樣的麵粉。
可添加大約0.6%的麥芽粉，烘烤完成的麵包表層外皮就會烤得酥脆且具有份量感。

準備・計量

1. 調理盆放上電子秤，再倒入法國麵包專用粉秤重。

2. 將速發乾酵母、鹽各別秤重，放入調理盆內。

3. 使用電子秤量測水的重量時，請排除容器重量。

攪　拌

2
混合攪拌

1. 使用攪拌器將法國麵包專用粉、速發乾酵母和鹽稍加攪拌。

2. 將粉類中央作出窪處，緩緩將水倒入。

3. 一邊以手，一邊以橡皮刮刀攪拌。手指將粉狀結塊推散，
並以橡皮刮刀作反覆摺疊的動作。

3
靜置醒麵

大略攪拌之後，以橡皮刮刀整圓麵團後，覆蓋上保鮮膜，
靜置於室溫下20至30分鐘。

棍子麵包一般而言不必壓攪
麵團，是透過靜置醒麵，等
待麵團中自然形成麵筋。隨
著時間的經過，麵筋的立體
網狀結構也跟著一點一點地
形成了連結。

攪拌（接續）

④

攪拌麵團出筋

1. 以刮板將調理盆內的麵團拉長並摺疊。

2. 一邊轉動調理盆變換角度，一邊重複 1 的步驟 5 至 6 次。

3. 以刮板整理麵團的表面後，覆蓋上保鮮膜，靜置於室溫下 20 至 30 分鐘。

事先將麵團表面整成光滑的狀態，較容易留住麵團內部的氣體。

4. 再次重複 1 至 2 的步驟。

透過拉長延展的動作，強化靜置醒麵期間所連結而成的麵筋，並給予麵團黏性。由於棍子麵包的麵團既柔軟又鬆弛，為了較易處理，需再將麵團作 2 次攪拌出筋。利用攪拌麵團出筋，更容易作出份量感，且能將麵包烤得酥脆爽口。

5. 以刮板整理麵團的表面後，覆蓋上保鮮膜，再進行一次發酵的階段。

　{ 麵團揉成的溫度基準值 } 20℃

● **麵團揉成的溫度調整**
麵團揉成的溫度（攪拌完成時麵團的溫度），主要是材料所添加的水溫作調節。此階段的重點是，溫度不可變得太高。當氣溫過高時，請添加冷藏室冰過的冰水。

⑤

靜置發酵

1. 置於溫暖處，使麵團發酵膨脹 2 至 2.5 倍。

- - - 將麵團整圓放入調理盆內的狀態。
接著進入一次發酵的階段。

{溫度・時間的基準值} 30℃・4 小時

- - - 靜置於30℃下完成發酵的狀態。麵團膨脹約2倍大。
因將一次發酵的溫度提高，比較容易產生膜薄且大的氣孔。
發酵提早進行時，即使尚未經過4小時，也請進入2的步驟「將麵團放入冷藏室中休眠」。

2. 將麵團放入冷藏室中冰鎮。- - - - - - - - - - - - - - -

{溫度・時間的基準值} 2℃至 4℃・12 小時

3. 暫時置於室溫後，再進行成型的階段。

{溫度・時間的基準值} 22℃至 25℃・10 至 15 分鐘

- - - 放入冷藏室前的時間點，為發酵完成6至8成的狀態。在此放入冷藏室的目的在於讓麵團熟成，及調整一次發酵的時間（參照P.108）。放入冷藏室前事先進行一次發酵，可以稍微縮短放於冷藏室裡的時間，但是最少也請放於冷藏室裡5至6小時。

● **發酵的判斷**

置於溫暖處發酵，表面會隱約產生氣體，待體積膨脹約2至2.5倍即可。直至熟練即可前，若感覺似乎有點發酵不足的階段時，最好放入冷藏室。

成　型

6 移至作業檯上

1. 於作業檯上撒上手粉，連同刮板也要沾粉。

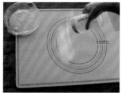 

常有烘焙食譜主張「盡可能不要使用手粉」。但是過於在意份量而不使用手粉，直接將黏糊糊的麵團成型，反而會因為過度觸摸麵團，導致麵團損傷，難以順利成型。正確使用手粉快速地成型，才能使烘焙過程更加順利。在此建議「與其損傷麵團，不如豪氣地使用手粉」但也須注意避免在麵團內側撒入手粉。

2. 將刮板貼於調理盆內側的側面，繞一圈刮離麵團後，再將麵團自調理盆內取出。

發酵時接觸空氣的表面，是最漂亮且平滑的面。在成型完成階段，盡可能將此面當作正面來成型。

3. 平滑面（接觸空氣的面）朝下，靜置於作業檯上。

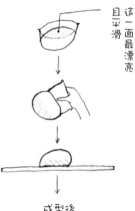

這一面最漂亮且平滑

成型後

7 延展成正方形

1. 將麵團朝對角線方向拉長，伸展成正方形。

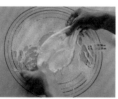 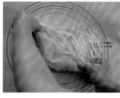 

2. 以手指按壓麵團，將麵團延展至 20cm×20cm 的大小。此時，麵團的中心具有厚度，因此要由中心往外側按壓開來。

  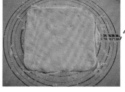

雖然說不能使勁地按壓麵團，但此步驟還是要讓麵團內部的氣體分散出來，以避免產生一整個空洞的大氣孔，而是形成凹凸氣孔遍佈的麵心。

8

摺成三褶

1. 麵團表面撒上手粉後，拉起正方形邊角往內側的麵團，將麵團的1/3往中間摺。

> 麵團厚度要盡可能平均。由於麵團邊一定會較薄，在距離四個角稍微內側的位置上拿起麵團對齊角摺疊，較容易使麵團厚度均勻一致。

2. 以手指輕輕按壓重疊部分的麵團，修整麵團的厚度。

拿著離邊角稍往內側之處

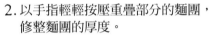

3. 麵團表面撒上手粉後，正方形的下邊與上邊的步驟一樣，將麵團的1/3往上摺。

> 當麵團緊黏在作業檯上時，可利用刮板輕易地刮離麵團。若沾黏得很嚴重，請補撒上足夠的手粉。

4. 手指輕輕按壓麵團。

● 撒上手粉
避免將手粉撒入麵團之中。在進入摺疊、捲麵這類的流程前，請將手粉小心地撒在會成為內側的麵團表面上。

● 關於中間發酵（bench time）
由於我很重視裂紋要漂亮地綻開，因此在棍子麵包的食譜中，沒有採取中間發酵（醒麵）。但在「裂紋雖有打開，氣孔卻又小又少」的情況時，採取中間發酵會比較好。請於摺成三褶後的麵團上，覆蓋完全擰乾的濕布，置於室溫下約15至30分鐘後，進入下一個流程（詳情參閱P.107）

成　型（接續）

9
捲入

1. 為了將麵團分成上下兩邊，以食指與中指按壓中央。

2. 以手指按壓整片麵團，使中央部分的厚度一致，
　延展成上下10cm×寬30cm的大小。

3. 麵團表面撒上手粉後，將麵團右上的部分提起，
　由上往下捲入2/3。

4. 由麵團的右側開始往左側捲入。
　此時，捲入動作應避免氣體進入麵團內部。

步驟2中，對照麵團左右的寬度，若上下不慎拉太長時，可重複3至4的步驟2次「由上開始捲入」，再進入步驟5的「由下開始捲入」，即可形成幾乎一樣的狀態。選擇由上開始捲入2次的方法較容易成型，因此進行提高加水發黏的麵團成型時，選擇這個方法也許會操作得比較順利。不過，由於捲入2次，氣孔會被擠破，完成後蜂巢孔的數量也會變少。

5. 以食指與中指輕輕按壓麵團的下側
   （沒有捲入的部分）。

6. 麵團表面撒上手粉後，拉起麵團的右下角，
   一邊往上拉，一邊捲起來。由麵團右側往左側捲入。

為使捲好後的麵團表面能形成稍具張力的狀態，因此要一邊拉展麵團，一邊捲起。為了讓裂紋在烤箱中迅速綻放，麵團表面稍微拉展是很重要的。只要麵團表面具張力，裂紋也較容易帶出來。

7. 以刮板將緊黏在作業檯上的麵團小心刮離，
   並輕輕的翻面後，使接合處朝上。

8. 以姆指與食指的指腹捏緊接合處作收口。

成　型（接續）

⑩ 塑型

為避免麵團緊黏於作業檯上，於塑型前撒上手粉。
輕沾手粉之後，滾動麵團，
大略塑成想要的棍子麵包長度。粗細須均勻一致。

稍微滾動麵團，在麵團下方的部分也撒上手粉。因為在成型完成的階段，所以滾動時請特別小心。以本書為例，在滾完的時候，麵團的長度約在40cm左右。

二次發酵

⑪ 鋪上發酵布

1. 於發酵布上撒上手粉，再將麵團置於發酵布上。
　此時，將麵團的收口朝下放置。

使用攪拌發酵板作為作業檯使用。雖然將麵團移動至攪拌發酵板上，但若在意麵團的黏度，在一次發酵後，亦可直接在攪拌發酵板上成型。由於攪拌發酵板容易滑動，使用時請確實按壓側邊。

2. 將麵團的形狀塑得筆直。

3. 在攪拌發酵板上，將發酵布沿著麵團作成田埂狀，並以夾子固定兩端。

麵團在攪拌發酵板上一邊預防水分蒸發，一邊吸取多餘的水分，使麵團不會緊黏也是特徵之一。

二次發酵（接續）

⑫

二次發酵

置於室溫下二次發酵。- 棍子麵包麵團在二次發酵完
成後，表面會呈現稍微乾燥
的狀態，此時則無須覆蓋上
擰乾的布。

{溫度・時間的基準值}22℃至 25℃・30 分鐘

⑬

預熱開始

將烤盤放入烤箱內，以最高的溫度進行預熱。

● **預熱的時機**
烤箱預熱須事先計算好所需
的時間。在麵團二次發酵結
束，且切割好裂紋後，要立即
放入烤箱烘烤。因此為了算
準結束預熱的時機，請於二
次發酵的中途，即開始進行
預熱。

割畫出裂紋

⑭

移動至烘焙紙上

1. 避免弄傷麵團，將麵團的收口朝下擺放，- - - - - - - - - - - - - - - - - 麵團表面稍具張力，較容易
　　輕柔地放在烘焙紙上。

切割裂紋。室溫過高或麵團
過黏時，可於割畫裂紋前約
10至15分鐘，先將麵團放入
冷藏室中冷藏。溫度降至以
手觸摸，感到有些冰涼的程
度時，較易割畫出裂紋。

鋪在烘焙紙下方的板子是手
作進爐承板（參照P.35）。

2. 麵團的形狀塑得筆直，撒上裸麥粉。

割畫出裂紋（接續）

⑮

割畫出裂紋

1. 先決定裂紋的長度，並於裂紋切割開始與結束的位置上，以竹籤作記號。

2. 記號與記號間，以直線連結的方式割畫出裂紋。

一條長約40cm的棍子麵包，以交疊2.5cm的距離預留切線，再直線切割5條10cm長的裂紋。若裂紋左右的寬度不到1cm，則會成為接近垂直的角度。事先以竹籤作上10cm與2.5cm的記號，較容易使長度與交疊一致。當棍子麵包與本書所記的長度不同時，裂紋的長度也建議依比例調整。

● **棍子麵包的裂紋**

只要發酵與成型的過程順利進行，切口深一點或淺一些，裂紋都會綻放開來。與其重視切割的深度或角度，切割一致的深度、長度才是重點。裂紋的切法一般而言為「將刀刃平放，宛如刮下一片皮似的」但如果是加水量高且發黏的麵團，以此法則難以入刀，因此建議以刀刃稍微立起，施加均等的力量來切割。

● **棍子麵包的長度與裂紋**

將棍子麵包較短時，裂紋的長度或條數也要跟著改變。以下列出能使裂紋綻放，外型漂亮的基準值（麵粉的份量皆為130g）。但此數值只是建議參考的基準值，裂紋形狀的好壞因人而異，所以請多嘗試烘焙後，尋找出自己認為外型最好的裂紋。
・長度為30cm時的基準值…3條12cm的裂紋（重疊長度約3cm左右）
・長度為35cm時的基準值…4條10.5cm的裂紋（重疊長度約2.5cm左右）

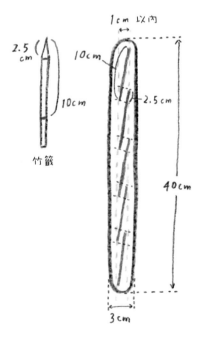

烘　烤

⑯ 放入烤箱

打開預熱完成的烤箱門，將麵團送放入烤箱後，
迅速將烤箱門關閉。

麵團放在進爐承板與烘焙紙
上，先將進爐承板傾斜搖
晃，使板上的烘焙紙稍稍滑
動後，再將烘焙紙連同麵團
放入烤箱內。

⑰ 烘烤完成

1. 維持爐內的溫度，並開啟蒸氣功能進行烘烤。

　　{溫度‧時間的基準值} 320℃‧5分鐘（蒸氣）

在開啟蒸氣期間，裂紋會綻
放開來。

2. 降低溫度，準備出爐。

　　{溫度‧時間的基準值} 230℃‧15分鐘

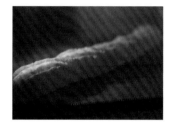

✚ **麵團順利放入烤箱的訣竅**

製作進爐承板

將麵團放入烤箱的「進爐動作」是決勝
的關鍵。為避免降低烤箱內的溫度，動
作要迅速敏捷。且為了避免損傷麵團，
動作必須小心確實。專業麵包店會使用
所謂的「slip peel窯爐鏟」等專用器具，
但對家用烤箱而言，窯爐鏟過大無法使
用且不易購得。因此，為了順利將麵團
移入烤箱，最方便的方法，就是動手製
作符合家用烤箱進爐承板。

進爐承板作法很簡單，只要將瓦楞紙板
裁切成與烤盤同樣尺寸即可。稍微保留
作為把手之處，使用上會更方便。在放
入烤箱前，將烘焙紙鋪於進爐承板上，
再放上麵團。為使烘焙紙在板上滑動，
將承板傾斜並搖晃。為使烘焙紙順利滑
動，請使用表面光滑的材質製作。此
外，只要能符合尺寸，亦可以表面平且
薄的砧板等現成物替代。

烘焙紙（左）與進爐承板（右）

基礎食譜變化款の
橄欖形法國麵包

若不擅長製作法式長棍，可先以簡單成型的橄欖形法國麵包練習。

如果橄欖形法國的裂紋無法順利綻開，則棍子麵包的裂紋也同樣無法綻開。

製作棍子麵包前，就先以橄欖形法國作練習，感受裂紋漂亮綻放的成就感吧！

準備・計量

● 器具 − − − 請參照基本食譜P.24

● 材料 橄欖形法國麵包（15cm×10cm大）1個
− − − 請參照基本食譜P.24

❶ 準備・計量

攪 拌　　− − − 請參照基本食譜P.25至P.26

❷ 混合攪拌
❸ 靜置醒麵
❹ 揉麵出筋

一次發酵　− − − 請參照基本食譜P.27

❺ 進行發酵

成 型

❻ 移至作業檯上
❼ 揉開成圓狀
以手指按壓麵團，按開成直徑約10cm大小的圓形。
此時，麵團中心為稍有厚度的狀態。

❽ 疊入
1. 由麵團的左上方往中央摺疊。
2. 由麵團的右上方往中央摺疊。
3. 由麵團的正上方往中央摺疊，再使勁地壓入麵團中。
4. 將麵團轉動半圈後，相反側也同步驟1至3作摺疊。

❾ 摺疊
1. 為使麵團表面具有張力，一邊拉長，一邊摺疊成上下兩半。
2. 以手指按壓麵團兩端，捏緊接合處作收口。

❿ 塑型

二次發酵　− − − 請參照基本食譜P.32至P.33

⓫ 鋪上發酵布
⓬ 二次發酵
⓭ 開始預熱

割畫出裂紋

⓮ 移至烘焙紙上
⓯ 割畫出裂紋
縱向切割1條筆直的裂紋。

烘 烤

⓰ 放入烤箱
⓱ 烘烤完成
1. 維持爐內的溫度，並開啟蒸氣功能進行烘烤。
　　{溫度・時間的基準值} 320℃・5分鐘（蒸氣）
2. 降低溫度，準備出爐。
　　{溫度・時間的基準值} 230℃・20分鐘

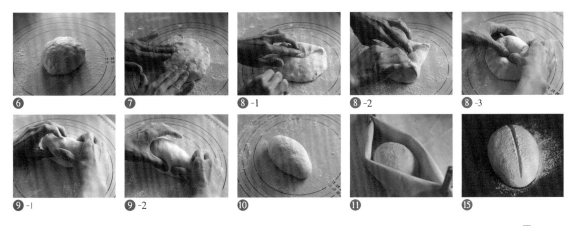

❻　　❼　　❽-1　　❽-2　　❽-3

❾-I　　❾-2　　❿　　⓫　　⓯

Lesson 3
軟式麵心的應用食譜

麵心柔軟濕潤の
法式長棍

如果光是裂紋打開，覺得意猶未盡，讓我們進一步朝向柔軟麵心之路挑戰吧！

所謂「厚膜」的「膜」，是指麵心的氣孔膜。

橫切棍子麵包，可看出氣孔均勻分布。而軟式長棍的氣孔膜具有厚度，口感較濕潤有嚼勁。

改變基本食譜，透過減少揉麵出筋的次數，來抑制烘烤完成的氣孔量，

並使用天然酵母液，使麵團在低溫下慢慢發酵，增加氣孔膜厚度。

基本食譜與應用食譜的差異

爽脆有嚼勁の法式長棍（基本食譜）

佈滿坑坑窪窪的氣孔，
氣孔膜薄，口感輕脆。

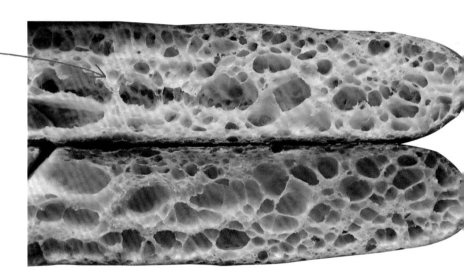

濕潤且膜厚の法式長棍（應用食譜）

由於氣孔膜具厚度，
口感濕潤有嚼勁。

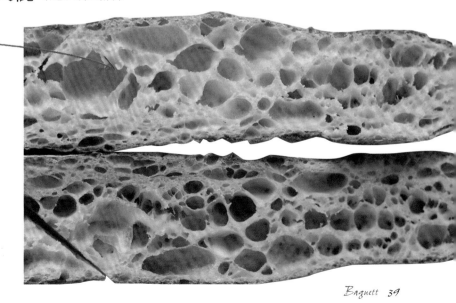

準備・計量

● 器具 --- 請參照基本食譜P.24

● 材料　棍子麵包（長約40cm）1條

法國麵包專用粉（中高筋粉）	130g	100%
天然酵母液	26g	20%
鹽	2.3g	1.8%
水	65g	50%
裸麥粉	適量	
手粉	適量	

--- 麵粉使用LA TRADITION FRANCAISE。如果要作成厚膜麵心，LA TRADITION法國麵包粉絕對是最佳首選。
水分使用Contrex礦泉水。LA TRADITION與Contrex礦泉水的組合可順利產生厚膜麵心。若無法接受硬水特有氣味，不妨加入飲用水來稀釋。

① 準備・計量
天然酵母液與水以各別的容器秤重。

攪拌

② 混合攪拌
使用攪拌器將法國麵包專用粉（中高筋粉）、鹽大略攪拌後，加入天然酵母液與水，並以橡皮刮刀攪拌至粉狀結塊消失即可。

③ 靜置醒麵

④ 揉麵出筋
1. 使用刮板，將調理盆內的麵團拉長並摺疊。
2. 一邊轉動調理盆變換角度，一邊重複1的步驟5至6次。
3. 以刮板整理麵團的表面後，覆蓋上保鮮膜，再進行一次發酵。

--- 減少一次揉麵出筋的次數，降低麵團的份量感，會使烘烤完成的麵心更為濕潤，且具Q軟口感。

一次發酵

⑤ 進行發酵
1. 置於陰涼處，使麵團發酵膨脹至1.5至2倍。
　{溫度・時間的基準值} 18℃至20℃・14小時
2. 將麵團放入冷藏室中冰鎮後，再進行成型的階段。
　{溫度・時間的基準值} 2℃至4℃・1小時

--- 由於基本食譜中，是透過提高一次發酵的溫度，來達到蜂巢般氣孔的效果，然而此應用食譜，則是降低一次發酵的溫度來抑制（最高溫度未滿25℃），並透過慢慢發酵，以達到厚膜的效果。
使用天然酵母液的發酵，雖不如速發乾酵母發酵所產生的氣體量，但只要體積膨脹至1.5至2倍即可。

成型

⑥ 移至作業檯上 --- 請參照基本食譜P.28至P.32
⑦ 延展成正方形
⑧ 摺成三褶
⑨ 捲入
⑩ 塑型

--- 以應用食譜製作的麵團較容易鬆弛，因此很難像基本食譜一樣確實成型，但仍盡可能地靠攏麵團使之成型。感覺麵團黏糊糊而難以操作時，可先放入冷藏室中，冰鎮10至15分鐘後，再重新進行成型作業。

⑤-1（發酵完成）

二次發酵 - - - 請參照基本食譜P.32至P.33

⑪ 鋪上發酵布

⑫ 二次發酵

⑬ 開始預熱

割畫出裂紋 - - - 請參照基本食譜P.33至P.34

⑭ 移至烘焙紙上

⑮ 割畫出裂紋

烘　烤 - - - 請參照基本食譜P.35

⑯ 放入烤箱

⑰ 烘烤完成

✚ 烘烤麵包的訣竅

靈活運用粉類

每種麵粉皆有其特徵。例如：味道濃郁的麵粉、香味強烈的麵粉、吸水性佳的麵粉、吸水性不佳的麵粉……請依據想要烘焙的麵包，來分別運用或混合下列的麵粉。

由於吸水性佳的麵粉不易沾黏，可提高加水率。依據欲選用麵粉的性質，相對加水率基準值亦同列於下表。但即便是吸水性佳的麵粉，建議在熟練之前，還是先以低加水率的麵粉來烘焙較為穩定。

麵粉名稱	特徵	加水率
MAISON KAYSER TRADITIONAL	擁有黃豆粉般的香氣，味道濃郁。能作出份量感。	75%
LA TRADITION FRANCAISE	法國麵包高級麵粉。份量感較低，裂紋成功率極高且具厚膜。	70%
epais	吸水性不佳，但易於產生氣孔。烘烤完成的麵包皮極富香氣。	65%
TYPE ER	極易產生氣孔，也適用於製作元種。	70%
TERROIR	裂紋邊緣的線條曲線容易成型。烘烤完成的麵包皮香酥爽脆。	70%
LYSDOR	初學者容易操作的麵粉。口味清淡，普遍為大眾接受。	75%
グリストミル（加拿大產石磨小麥粉）	吸水性佳，高加水率推薦使用。混合後，香氣渾厚。	80%
はるゆたかブレンド（北海道產小麥粉）	適用於製作山形土司。為日本國產小麥粉的代表，容易操作為其特色。	54%至60%
香麦（北海道產小麥粉）	適用於製作山形土司。以「春よ」為中心的調合粉，特色同上。	54%至60%
春よ恋（北海道 強力粉）	適用於製作山形土司。吸水性佳，Q軟且極具份量感。	63%至65%

焙烤咖哩
法式長棍

若是一直反覆製作棍子麵包，自己和家人也是會吃膩……

此時，不妨挑戰製作深受大眾喜愛的咖哩口味調味食譜。

咖哩餡中的水分會逐漸減少，建議以煮好已放置兩天後的咖哩來製作。

準備・計量

● 器具 --- 請參照基本食譜P.24

＋刷毛

● 材料 棍子麵包（長約40cm）1條 ※蛋素

--- 請參照基本食譜P.2

＋		
咖哩粉	5g	3.8%
（焙烤咖哩調味）		
咖哩餡	約80g	
蛋液	1個份	
麵包粉	適量	
切碎的巴西利	適量	

❶ 準備・計量

攪　拌

❷ 混合攪拌
使用攪拌器將法國麵包專用粉（中高筋粉）、速發乾酵母、鹽、咖哩粉大致攪拌後倒入水，以橡皮刮刀攪拌至粉狀結塊消失即可。

❸ 靜置醒麵

❹ 揉麵出筋

一次發酵 --- 請參照基本食譜P.27

❺ 進行發酵

成　型 --- 請參照基本食譜P.28至P.32

❻ 移至作業檯上

❼ 延展成正方形

❽ 摺成三褶

❾ 捲入

❿ 塑型

二次發酵 --- 請參照基本食譜P.32至P.33

⓫ 鋪上發酵布

⓬ 二次發酵

⓭ 開始預熱

割畫出裂紋 --- 請參照基本食譜P.33至P.34

⓮ 移至烘焙紙上

⓯ 割畫出裂紋

烘　烤 --- 請參照基本食譜P.35

⓰ 放入烤箱

⓱ 烘烤完成

焙烤咖哩調味

⓲ 加入咖哩
1. 於烘烤完成的棍子麵包中央，縱向切一道切口，將咖哩餡夾在裡面。
2. 以毛刷將蛋液塗在整條麵包上，並撒滿麵包粉。

⓳ 烘烤完成（第2次）
1. 以烤箱烤到帶點焦色即可。
　{溫度・時間的基準值} 220℃・15 至 20 分鐘
2. 依個人喜好撒上巴西利。

❺（發酵完成）

⓱（棍子麵包出爐）

⓲-1

⓲-2

焙烤番薯法式長棍

大人小孩都愛吃的焙烤番薯法式長棍。

雖稱為焙烤番薯，但填入的餡料並非烤番薯，而是<u>甘露煮番薯</u>；

甘露煮番薯結合麵團中的黑芝麻香味，即可品嚐到烤番薯般的美味喔！

準備・計量

● 器具 --- 請參照基本食譜P.24
＋毛刷

● 材料 棍子麵包（長約40cm）1條
--- 請參照基本食譜P.24
　　　＋

黑芝麻	6g	4.6%
甘露煮番薯	約160g	123%

①　準備・計量
甘露煮番薯秤重後，先輕輕的搗碎。

攪　拌

②　混合攪拌
使用攪拌器將法國麵包專用粉（中高筋粉）、速發乾酵母、鹽、黑芝麻約略攪拌後加水，並以橡皮刮刀攪拌至粉狀結塊消失即可。

③　靜置醒麵

④　揉麵出筋

一次發酵	--- 請參照基本食譜P.27

⑤　進行發酵

成　型	--- 請參照基本食譜P.28至P.32

⑥　移至作業檯上

⑦　延展成正方形
延展成15cm×15cm的大小。

⑧　摺成三褶
將1/3份甘露煮番薯置於麵團中央，由上下兩側將麵團摺成三褶。

⑨　捲入
1. 將剩餘的2/3甘露煮番薯置於麵團中央，由上捲入2/3的麵團。再由麵團的右側開始往左捲入。
2. 拉起麵團的右下方，一邊往上拉，一邊捲入。由麵團右側往左側捲，最後捏緊接合處作收口。

⑩　塑型

二次發酵	--- 請參照基本食譜P.32至P.33

⑪　鋪上發酵布

⑫　二次發酵

⑬　開始預熱

割畫出裂紋	--- 請參照基本食譜P.33至P.34

⑭　移至烘焙紙上

⑮　割畫出裂紋

烘　烤	--- 請參照基本食譜P.35

⑯　放入烤箱

⑰　烘烤完成

①（將甘露煮番薯搗碎）

⑤（發酵完成）

⑧

⑨-1

⑨-2

● 甘露煮番薯的作法
　（易於製作的份量，約2條焙烤番薯法式長棍）

番薯	250g
砂糖	80g
檸檬汁	少許
鹽	少許

1. 番薯切成1cm塊狀後，以水沖洗。
2. 將檸檬汁以外的材料放入鍋中，加水至蓋過食材的高度，煮至番薯變軟即可。
3. 熄火後加入檸檬汁，靜置冷卻。

雙色
皇冠麵包

熟習如何處理麵團後，便開始想
多方面體驗麵團成型的樂趣。
那就動手挑戰此款混合了原味麵
團與可可麵團，再塑型成皇冠造
型的可愛麵包吧！

準備・計量

● 器具 --- 請參照基本食譜P.24
＋攪拌用的調理盆（小）

● 材料 環形棍子麵包（直徑約15cm）1條

（原味麵團用）		
法國麵包專用粉（中高筋粉）	80g	100%
速發乾酵母	0.1g※	0.1%
鹽	1.4g	1.8%
水	56g	70%
（可可麵團用）		
法國麵包專用粉（中高筋粉）	50g	100%
速發乾酵母	0.1g※	0.1%
鹽	0.9g	1.8%
水	37.5g	75%
可可泡打粉	5g	10%
（其他）		
裸麥粉	適量	
手粉	適量	

※ 速發乾酵母 0.1g 約為 1/24 小匙。

❶ 準備・計量

取等量的基本食譜P.24麵團材料，放入調理盆中。再將可可泡打粉
秤重並篩過後，與法國麵包專用粉混合；其他材料與基本食譜P.24
相同計量，放入另一個調理盆中。

攪　拌

❷ 混合攪拌

1. 分別攪拌雙色的麵團，直至各自的粉狀結塊消失即可。
2. 將可可麵團均成5等分，再放入原味麵團的調理盆內。
3. 原味麵團包裹可可麵團。

❸ 靜置醒麵

❹ 揉麵出筋

❷-2

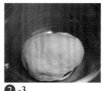
❷-3

❹

一次發酵	- - - 請參照基本食譜P.27

⑤ 進行發酵

成　型	- - - 請參照基本食譜P.28至P.32

⑥ 移至作業檯上

⑦ 延展成正方形，上下11cm×寬18cm的大小。

⑧ 摺成三褶

⑨ 捲入

⑩ 塑型，長約42cm的大小。

二次發酵	- - - 請參照基本食譜P.32至P.33

⑪ 鋪上發酵布　⑫ 二次發酵　⑬ 開始預熱

割畫出裂紋

⑭ 移至烘焙紙上

1. 將麵團作成環狀，並壓平其中的一端。
2. 以壓平的那一端將另一端包在裡面，接合處作收口。
3. 移至烘焙紙上。

⑮ 割畫出裂紋

切割5條曲線狀的裂紋。

烘　烤	- - - 請參照基本食譜P.35

⑯ 放入烤箱

⑰ 烘烤完成

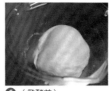
⑤（發酵前）

⑤（發酵完成）

⑩

⑬-1

⑬-2

⑮

Lesson 5's arrange recipe

巧克力皇冠麵包

將巧克力豆混入可可麵團攪拌，作成巧克力甜甜圈的樣子。可交錯陳列雙色麵包看起來繽紛又可口。

● 材料　環形棍子麵包（直徑約15cm）1條

法國麵包專用粉（中高筋粉）	130g	100%
速發乾酵母	0.1g※	0.1%
鹽	2.3g	1.8%
水	104g	80%
可可泡打粉	15g	11.5%
巧克力豆	40g	31%
裸麥粉	適量	
手粉	適量	

※速發乾酵母0.1g約為1/24小匙

● 作法

- - - 麵團的作法與雙色皇冠麵包的可可麵團相同。在成型時，撒上巧克力豆，再摺成三褶即可。

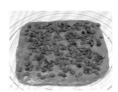

column 1

關於麵包

雖然這個話題似乎有些老調重彈，但我們兩人還是要針對麵包，稍微談談各自的想法與堅持。其實我們兩人的想法時常一致呢！

Ⓥ …vivian　Ⓢ …そらママ。

作麵包的契機

Ⓥ 因為我買的烤箱剛好附有揉麵的功能。在此之前，總覺得作麵包是很麻煩的事，但還是勉強試作了奶油捲餐包。果不其然，實在是太硬了（笑）。

Ⓢ 以前在民宿工作時，曾與老闆一起烤過比薩。雖然只是使用了Saf速發乾酵母作的簡易披薩，但每當看到容器內麵團發酵膨脹的模樣，就感到無比興奮（笑）。

擅長的麵包

Ⓥ 雖然我很想回答「棍子麵包！」但最近瘋狂愛上製作一條裂紋的巨蛋歐式麵包。已經到了不知失敗是何物、自認為是「神人」的境界了（笑）。成型流程相當有趣，而且全程自己動手作，滋味更是無敵。

Ⓢ 綠葡萄乾酵母的巨蛋起司歐式麵包。只要放膽去作，就會很好吃喔！

不擅長的麵包

Ⓥ 山形土司。我覺得這是我一輩子都要面對的問題。我想可能是成型的技術還不夠到位吧！要工整地擀出麵團，對我而言實在太難了。好想烤出有著美麗丘形的山形土司啊！

Ⓢ 圓形十字歐式麵包。真的很難……成型時若不慎歪斜，裂紋就無法漂亮地綻開，麵心也會因為受到擠壓而烤焦。

非作不可的麵包

Ⓥ 在週末假期悠閒烘烤的熱騰騰麵包（笑）。白白軟軟的香甜麵包連小朋友都喜愛呢！雖然偶爾還是會烤軟式麵包，但基本上還是以硬式麵包為主。

Ⓢ 自家製、不會太過Q軟、不過於清淡的餐用麵包。像是小餐包這類的點心。

想吃的麵包

Ⓥ 加入滿滿餡料的紅豆麵包、大方加入副食材的特色麵包、滿滿水果泥的丹麥甜酥。有時候去麵包店消費時，我都喜歡挑這些自己不常製作的麵包（笑）。

Ⓢ ECHIRE的可頌、TAMA木亭的奶油麵包、Camarche的麵包、TAKEUCHI的橄欖麵包……想到處去逛麵包店。不過，我最想吃的麵包還是自家作的麵包（笑）。

除了麵包之外，也熱衷的事

Ⓥ 曾有一陣子著迷於製作糖霜，今後想要再多加把勁來研究。想要督促自己多學習製作色香味美的甜點或料理技術。若騰得出時間，還想學習裁縫。

Ⓢ 喜愛了將近20年的滑雪，結婚前幾乎都隱居在下雪的山中（笑）。現在帶小孩和麵包教室的工作，常常分身乏術，很多計劃也只能暫時擱置。

Campagne

歐式麵包中，最令我感到驚艷的，

莫過於那些看似平凡，卻能成功引人注目的麵包。

然而，剛開始製作時，一心只想讓裂紋裂得好看。

但並非裂紋能開就是好，

在追求完美裂紋時，

逐漸瞭解麵團「緊收」的箇中奧妙。

當我掌握了「緊收」後，也同時察覺到「鬆軟」的變化。

所謂適性於想要烘焙的麵包，並非只是配合，

而是要改變&善用麵團「緊收」的狀態。

「歐式麵包」就是把這些觀念傳達給我們的一款麵包。

巨口裂紋の
圓形十字歐式麵包

麵團緊實的程度與否，會攸關歐式麵包裂紋的好壞。

只要學會調整麵團緊收的狀態，

除了裂紋，還可控制歐式麵包的烘焙狀態。

就從麵團收得緊實的巨口裂紋歐式麵包開始作起吧！

相對於棍子麵包重視的輕脆度；歐式麵包則追求究極的麵心風味，

在此使用星野生種，烘焙香氣濃醇、口感柔軟的歐式麵包。

基本**食譜**
的重點

1 裂開成深刻明顯的裂紋

最狀態為裂紋呈明顯的巨大開口。
裂紋的前端為銳利的尖端，銳利程
度以觸碰時會感到刺痛，最為理想。

2 圓滾滾的巨無霸外觀

膨脹成具有份量感的渾圓外型。

3 香氣濃醇、
口感柔軟的麵心

使用星野生種，作出深邃濃郁的口
感。確實地揉麵，可烤成柔軟、易
食的麵心喔！

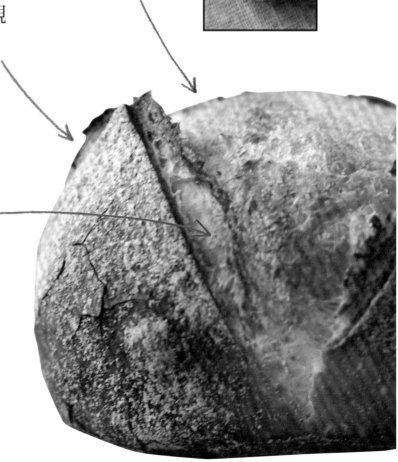

準備・計量

● 器具

電子秤	粉篩計量罐
調理盆（中）	麵團發酵布（2 片）
攪拌器	淺篩（內徑 18cm）
量匙	烘焙紙
橡皮刮刀	割紋刀（僅使用刀片）
保鮮膜	鋼盆（蓋烤用，內徑 21cm）
刮板	工作手套（2 組）
攪拌發酵板	

歐式麵包原本是以Banneton（歐式麵包專用發酵籐籃）來發酵，但一般家庭可在塑膠製濾籃內鋪上一層布來代替。不僅簡單方便，烘焙出來的外型也十分好看。特別是剛開始涉獵歐式麵包的初學者，尺寸小較易於成型，因此建議使用小型濾籃進行製作。

● 材料　歐式麵包（直徑約 21cm 大）1 條

法國麵包專用粉（中高筋粉）	250g	100%
星野生種	10g	4%
速發乾酵母	0.25g	0.1%
鹽	4g	1.6%
水	162.5g	65%
裸麥粉	適量	
手粉	適量	

※ 速發乾酵母 0.25g 約為 1/12（1/8 的 2/3）小匙。

發酵籐籃（上）、
濾籃加布（下）

麵粉使用日清製粉的MAISON KAYSER TRADITIONAL。
水分由飲用水與Contrex礦泉水以1：1的比例混合使用。
酵母則使用星野酵母丹澤法國麵包種的生種，再添加少量的速發乾酵母，較易於控制發酵。
手粉則使用與麵團同樣的麵粉。

準備・計量

1. 調理盆放上電子秤，
   再將法國麵包專用粉放入秤重

2. 將速發乾酵母、鹽各別秤重後，
   放入調理盆內。

3. 取其他容器放上電子秤，
   將水、星野生種輕輕攪拌混合後秤重。

攪　拌

2

混合攪拌

1. 以攪拌器將法國麵包專用粉、
速發乾酵母和鹽大略地攪拌。

2. 粉類中央挖出窪處，倒入水與星野生種。

3. 一邊以手，一邊使用橡皮刮刀攪拌。
將粉狀結塊推勻，再以橡皮刮刀作反覆摺疊的動作。

3

靜置醒麵

大略地攪拌之後，使用橡皮刮刀整圓麵團，
覆蓋保鮮膜後，靜置於室溫下20至30分鐘。

攪拌（接續）

④
揉麵

1. 以刮板將麵團移至作業檯上。

2. 以全身重量，將麵團往作業檯上揉壓，
   壓至延展開後，再摺疊麵團。

3. 重覆2的步驟約20至30次。直至麵團呈強力繃緊的狀態，
   延展變薄的部分看起來快要拉斷即可。

4. 以刮板整圓麵團後，放回調理盆內，
   覆蓋上保鮮膜，進行一次發酵。

   ｛麵團揉成的溫度基準值｝22℃

● **關於揉麵**
在硬質麵包當中，不過度揉麵為製作的關鍵，為了能作出柔軟的麵心，適度的揉麵也無妨。若以手指用力拉長延展，麵團被拉長而形成薄膜時，即代表過度揉麵，就會烤成土司了。

● **星野麵團揉成的溫度調整**
使用星野酵母使麵團發酵時，麵團揉成的溫度要控制在22℃左右，長時間慢慢發酵，才能作出好吃且具風味的麵包。溫度若不小心過高時，請縮短一次發酵的時間來調整。

一次發酵

5

進行發酵

置於室溫下，使麵團發酵膨脹至變大一圈。

發酵前

發酵前

將麵團整圓後，
放入調理盆內的情形。
接下來，將進行一次發酵。

{ 溫度 ‧ 時間的基準值 }
22℃至 25℃ ‧2 小時

拍打麵團前

拍打麵團前

歷經2小時的狀態。
麵團發酵膨脹至變大了一圈。

6

拍打麵團

1. 以刮板將調理盆內的麵團拉長並摺疊。

將發酵膨脹的麵團用力地拉
長延展出筋，可使麵團產生
份量感。

一次發酵（接續）

7 持續進行

2. 將麵團連同調理盆一起轉動90度，再次以刮板將麵團拉長並摺疊。於1至2的步驟中，共摺成四褶。

3. 以刮板修整麵團的表面。

1. 覆蓋保鮮膜後，靜置室溫下，使麵團發酵膨脹至大約發酵前的3倍大即可。

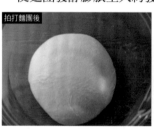 

麵團拍打結束後，將麵團整圓。接著讓麵團繼續發酵。

{溫度 · 時間的基準值}
22℃至25℃ ·12 小時

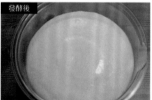 

發酵結束時的狀態。拍打麵團的動作會使發酵力倍增，麵團膨脹的份量感更為明顯。

2. 將麵團放入冷藏室中冰鎮後，再進行成型的階段。

{溫度 · 時間的基準值} 2℃至 4℃ ·1 小時

8 移至作業檯上

1. 在乾布上撒上裸麥粉後，置於濾籃中。
作業檯連同刮板撒上手粉。

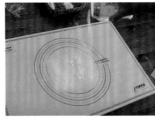

將洗滌濾籃當成發酵籐籃使
用。若使用Banneton時，則
不需另外放布，直接撒上裸
麥粉即可。

2. 將刮板貼於調理盆內側，
以繞一圈的方式刮離麵團後，將麵團自調理盆內取出。

3. 使平滑面（接觸空氣的面）朝下，
靜置於作業檯上。

此時朝下的面，在成型完成
階段，為麵包的正面。

9 拉長延展成長方形

輪流將麵團朝對角線方向拉長，逐漸伸展成縱向的長方形。
以手指按壓麵團後，延展成上下21cm×寬17cm的大小。
將較厚的麵團中心，由內往外按壓延展開來。

成　型（接續）

⑩ 摺成三褶

1. 麵團表面撒上手粉後，拉起離長方形邊角內側的麵團，並將麵團的1/3往中間摺。

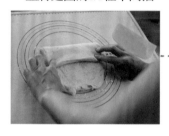

當麵團緊黏在作業檯上時，使用刮板即可輕易地刮離麵團。若沾黏得的情況很嚴重時，請補撒手粉。

2. 以手指輕輕按壓重疊部分的麵團，以修整麵團的厚度。

3. 麵團表面撒上手粉後，長方形的下邊也和上邊一樣，將麵團的1/3向上摺，並以手指輕輕按壓麵團。

⑪ 再次摺成三褶

1. 麵團表面撒上手粉後，再由麵團的右側開始，將麵團的1/3往中間摺，並輕輕按壓。

由於基本食譜很重視裂紋綻開的好壞，需將麵團稍微收得緊繃一些，因此需要重複兩次摺成三褶的動作。

2. 麵團表面撒上手粉後，再由麵團的左側開始，同樣將麵團的1/3往中間摺，
   並由上方輕輕按壓。為了更容易塑成圓形，請事先按壓麵團四周收邊，
   以使麵團表面緊實具有張力。

12

整圓

1. 麵團表面撒上手粉後，
   拿起麵團決定麵團的中心。

中指按壓的位置為麵團的中心。

2. 像是將中心包起來般，收成圓形。

3. 右手姆指與食指捏合，收圓麵團接合處，
   並將麵團往接合處拉起收緊以整圓麵團。

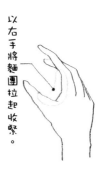

以右手將麵團拉起收緊。

運用姆指與食指間一帶，將
麵團拉起收緊以整圓麵團。

成　型（接續）

4. 左手往外側，右手往內側轉動後，
　以雙手的掌心來將麵團再次收緊。

5. 將收口處朝右放置於作業檯上。

 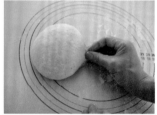

6. 右手一邊以手刀方式切動，一邊將麵團再次收緊。

7. 待麵團表面形成布丁般Q軟的狀態時，開始進行二次發酵的階段。

此處麵團表面的緊收程度，
是裂紋能否漂亮打開的重要
關鍵。

二次發酵

13

二次發酵

1. 將收口處朝上，放入 **8** -1步驟中的發酵籐籃裡。

2. 為了防止麵團乾燥，於發酵籃上方覆蓋擰乾的濕布。

3. 置於室溫下，進行二次發酵。

{ 溫度 ‧ 時間的基準值 }
22℃至25℃ ‧1小時

14

開始預熱

將烤盤與鋼盆放入烤箱內，以最高的溫度進行預熱。

割畫出裂紋

⑮ 移至烘焙紙上

濾籃倒扣，將麵團移至烘焙紙上。
收口則轉為下方。

先將烘焙紙、進爐承板（參照P.35）翻面，置於濾籃上後，再整個翻轉過來，取下濾籃。

⑯ 割畫出裂紋

1. 以割紋刀的刀片，縱向切割一條裂紋。

2. 將麵團連同烘焙紙一起旋轉90度，縱向再切割上一條裂紋，形成十字裂紋。

● 關於歐式麵包的十字裂紋
須沿著歐式麵包的曲面，筆直的切割下裂紋，請直接以手指夾著刀片，較容易操作。不過，這樣的切割手法需要熟練，如果覺得有刀柄會比較好操作，可與棍子麵包裂紋切法一樣使用刀柄。但是要以一定的深度筆直切割。為使裂紋的深度平均，最後要由十字的交點各往四個方向，再次以刀片描著裂紋，加以修整。

⑰ 放入烤箱

1. 戴上兩層厚的工作手套。打開預熱完成的烤箱門，先取出鋼盆，並將麵團放入烤箱內。

高溫的鋼盆請先放在小爐子上或其他耐熱之處。
使進爐承板上的麵團連同烘焙紙滑入般地放入烤箱（參照P.35）。

2. 迅速地蓋上鋼盆後，關上烤箱門。

蓋上鋼盆可阻絕熱風直接吹拂麵團，因此裂紋更容易綻開。但鋼盆會因此烤焦變黑，所此請使用百元商店販售的物件即可。

⑱ 烘烤完成

1. 直接以爐 的溫度，開啟蒸氣烘烤5分鐘。

　{ 溫度 · 時間的基準值 } 320℃ ·5 分鐘（蒸氣）

2. 降低溫度後，烘烤10至15分鐘。

　{ 溫度 · 時間的基準值 } 250℃ ·15 分鐘

3. 取下鋼盆，降低溫度後，再次烘烤。

　{ 溫度 · 時間的基準值 } 230℃ ·15 分鐘

取下鋼盆的時候，裂紋已經打開了。

基礎食譜變化款の
巨蛋歐式麵包

與圓形麵團相較之下，橢圓形的巨蛋麵團，火候較易深達內部，

即使成型時麵團沒那麼緊實，也能容易綻開巨口裂紋。

成型簡單是很容易製作的歐式麵包。

準備・計量

● 道具 --- 請參照基本食譜P.54

將發酵用的濾籃與布（1片）更換成橢圓型發酵籐籃
（內部尺寸縱13cm×寬19.5cm×高6.5cm）。

--- 若很熟悉成型步驟，亦可不使用發酵籐籃，直接鋪上麵
團發酵布來成型。

● 材料 歐式麵包（約13cm×19cm、高6cm大小）1個份
--- 請參照基本食譜P.54

❶ 準備・計量

攪　拌　--- 請參照基本食譜P.55至P.56

❷ 混合攪拌　**❸** 靜置醒麵　**❹** 揉麵

一次發酵　--- 請參照基本食譜P.57至P.58

❺ 進行發酵　**❻** 拍打麵團

❼ 持續進行

成　型

❽ 移至作業檯上

❾ 拉長延展成長方形，約上下20cm×寬15cm。

❿ 由上下摺入

⓫ 由左右再次摺入

⓬ 塑型

將麵團左右各摺入半邊後，捏緊接合處作收口，輕
輕滾動，再整成海參的形狀。

二次發酵

⓭ 置於橢圓形發酵籐籃內，進行二次發酵

將收口朝上放入撒上裸麥粉的發酵籐籃裡，並由上
覆蓋擰乾的濕布後，進行二次發酵。

{溫度・時間的基準值} 22℃至25℃・1小時

⓮ 開始預熱

將烤盤放入烤箱內，以最高的溫度進行預熱。不需
蓋烤用的鋼盆。

割畫出裂紋

⓯ 至烘焙紙上

⓰ 割畫出裂紋　縱向切割一條筆直的裂紋。

烘　烤

⓱ 放入烤箱

⓲ 烘烤完成

1. 直接以爐內的溫度，開啟蒸氣烘烤5分鐘。
   {溫度・時間的基準值} 320℃・5分鐘（蒸氣）

2. 降低溫度後，烘烤10至15分鐘。
   {溫度・時間的基準值} 220℃・10至15分鐘

3. 降低溫度後，再次烘烤。
   {溫度・時間的基準值} 210℃・15分鐘

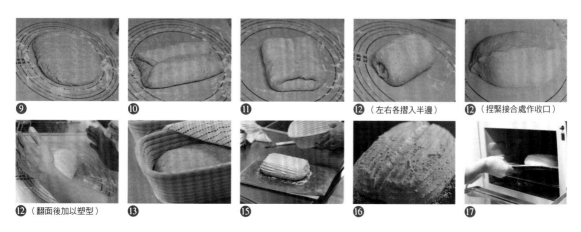

❾　　❿　　⓫　　⓬（左右各摺入半邊）　⓬（捏緊接合處作收口）

⓬（翻面後加以塑型）　⓭　　⓯　　⓰　　⓱

善用無水鍋®

歐式麵包裂紋與棍子麵包似乎有不同的難度,特別是使用瓦斯烤箱,由於風扇的熱風直接吹向麵團,要綻開成理想的裂紋似乎不是這麼容易。雖然蓋上鋼盆能稍微改善,不過,若希望作出更好的效果,就應選用無水鍋®烘焙的方法。無水鍋®的高氣密性,可以確實鎖住熱氣與蒸氣。此外,因不必使用到水蒸氣,若有「烤箱沒有蒸氣功能,裂紋打不開」的困擾,也特別推薦使用無水鍋®製作。

無水鍋®具有取代鋼盆,可覆蓋麵團置於烤箱中烘烤;亦可不使用烤箱,直接置於瓦斯爐上以瓦斯爐燒烤。

何謂無水鍋®?
自從1953年發售以來,恪守當時的設計與機能,成為長期暢銷商品,是日本鋁合金鑄造的厚底鍋具的先驅。具有重量的鍋蓋,可與下鍋緊緊密合,使水蒸氣鎖在鍋內不流失,得以保持高溫&高壓狀態。

烤箱烘烤的麵包

裂紋漂亮綻開。

瓦斯爐直火燒烤完成的麵包

表面成色較白,口感Q軟有彈性。

※ 本書所使用的無水鍋®為大尺寸(24cm)鍋具。
※ 無水鍋®加熱後會非常高溫。烘烤的全程請戴上兩層的工作手套再進行作業。另外,加熱過後的無水鍋®請務必放在耐熱之處。
※ 當使用附有空燒自動關閉功能或防止溫度過高功能的瓦斯爐時,有可能發生無法順利預熱或燒烤完成的情況。

無水鍋覆蓋烘烤・烤箱烘烤完成

以基本食譜的圓形歐式麵包為例

比起鋼盆蓋烤，無水鍋覆蓋烘烤效果更加顯著。將鍋蓋作底、下鍋作上，上下顛倒使用，使得麵團放入取出將變得更加容易。

1. 待歐式麵包麵團進行二次發酵期間，烤箱以 280℃預熱 20 分鐘。此時，同時放入烤盤與無水鍋 ® 一起預熱。
2. 預熱完後，迅速將無水鍋 ® 從烤箱裡取出，並將鍋蓋作底倒放。
3. 將切有裂紋的麵團，連同烘焙紙一起放在鍋蓋上。
   --- 此時的無水鍋非常的高溫，因此請戴上兩層的工作手套。另外，無水鍋要置於耐熱之處。
4. 蓋上下鍋，整組鍋具連同麵團放入烤箱後進行烘烤。
   { 溫度・時間的基準值 } 250℃・15 分鐘
5. 先從烤箱內取出無水鍋 ®，並將覆蓋於上方的下鍋取下。在取下下鍋的狀態下，將鍋蓋與麵團重新放入烤箱中，
6. 降低溫度後，再次烘烤。
   { 溫度・時間的基準值 } 200℃至 220℃・10 至 15 分鐘

6（烘烤完成前）

使用無水鍋・瓦斯爐直火燒烤完成

以基本食譜的圓形歐式麵包為例

不使用烤箱，以瓦斯爐與無水鍋來燒烤歐式麵包。比起用烤箱烘烤的歐式麵包，燒烤完成的麵心更加Q軟有彈性。

1. 待歐式麵包麵團二次發酵期間，將無水鍋 ® 的鍋蓋放在瓦斯爐上，再放上蒸架後蓋上下鍋進行預熱。
   { 溫度・時間的基準值 } 大火・10 分鐘
2. 將切有裂紋的歐式麵包麵團，連同烘焙紙一起放在蒸架上。
3. 蓋上下鍋後，燒烤。
   { 溫度・時間的基準值 } 中火・10 分鐘
4. 把火轉小後，再次燒烤。
   { 溫度・時間的基準值 } 小火・20 分鐘
5. 熄火，靜待冷卻後，再將下鍋取下。

◎以練習食譜的巨蛋歐式麵包為例

烤箱烘烤 …………{ 溫度・時間的基準值 } 250℃・15 分鐘 → { 溫度・時間的基準值 } 200℃至 220℃・10 至 15 分鐘
瓦斯爐燒烤 …………{ 溫度・時間的基準值 } 中火・10 分鐘 → { 溫度・時間的基準值 } 小火・20 分鐘

麵心蓬鬆柔軟の
圓形十字
歐式麵包

學會基本食譜中處理麵團的方法之後，接下來想學的就是慢慢收緊麵團的訣竅。

若過於拘泥於裂紋的好壞，使麵心的氣孔變小，反而犧牲了口感。

事實上，可以麵團緊收的強弱程度來控制完成品的口感。

適當地收緊麵團，才能一邊維持表面的張力，一邊烘烤出更加鬆軟且美味的麵心。

基本食譜 vs. 應用食譜

巨口裂紋的歐式麵包
（基本食譜）

著重在裂紋，並於成型時將麵團收得緊實，因此氣孔較少且較小。

麵心蓬鬆柔軟的歐式麵包
（應用食譜）

麵心蓬鬆柔軟又美味。裂紋也恰到好處。

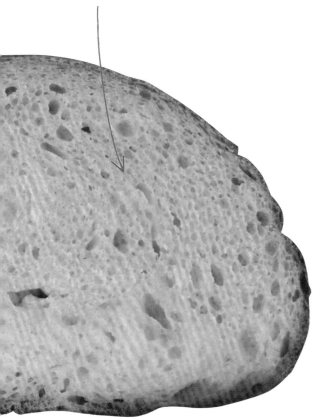

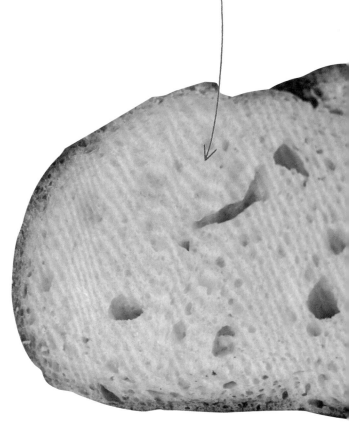

準備・計量

●器具 - - - 請參照基本食譜P.54

＋無水鍋®

- - - 麵團收得不緊實的狀態下，裂紋會變得難以綻開，建議
使用無水鍋®製作。若手邊沒有無水鍋，請依照基本食
譜，以銅盆蓋烤來烘烤。

●材料 - - - 請參照基本食譜P.54

❶ 準備・計量

攪 拌 - - - 請參照基本食譜P.55至P.56

❷ 混合攪拌
❸ 靜置醒麵
❹ 揉麵

一次發酵 - - - 請參照基本食譜P.57至P.58

❺ 進行發酵
❻ 拍打麵團
❼ 持續進行

成 型

❽ 移至作業檯上
❾ 揉開成圓形，直徑約為 20cm。
❿ 左右對摺
⓫ 上下對摺
依❿至⓫的步驟共摺成四褶。
⓬ 整圓
1. 決定麵團的中心。
2. 將中心包起來般地收成圓形。
3. 右手姆指與食指的指根夾住麵團的接合處，將麵團
   往接合處拉起收緊。
4. 左手往外側，右手往內側轉動後，以雙手的掌心將
   麵團收緊。
5. 將收口處朝右放置於作業檯上。
6. 右手一邊以手刀方式切動，一邊將麵團再次收緊。
   直至使麵團的表面具有張力即可。
7. 手拿著麵團予以整型。

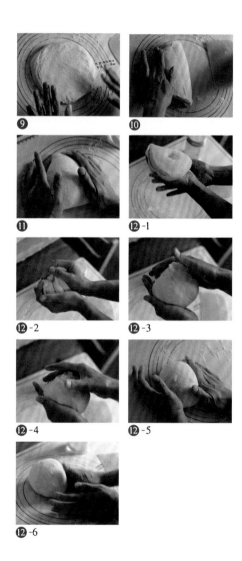

⑨   ⑩

⑪   ⑫-1

⑫-2   ⑫-3

⑫-4   ⑫-5

⑫-6

⑬ 二次發酵

{溫度‧時間的基準值} 22℃至 25℃‧70 至 90 分鐘

- - - 應用食譜重視麵心的柔軟度,因此二次發酵需要花費較長的時間。透過拉長二次發酵時間,麵心會變得更鬆軟,紋路會變得更明顯。

⑭ 開始預熱

將烤盤與無水鍋® 放入烤箱內,以 280℃進行預熱。

- - - 若手邊沒有無水鍋®,請依照基本食譜P.63,以鋼盆蓋烤。

割畫出裂紋 - - - 請參照基本食譜P.64

⑮ 移至烘焙紙上

⑯ 割畫出裂紋

烘 烤

⑰ 放入烤箱

迅速將預熱好的無水鍋® 從烤箱裡取出,將麵團連同烘焙紙一起放在鍋蓋上,蓋上下鍋後放入烤箱。

⑱ 烘烤完成

1. 降低溫度後,烘烤。

   {溫度‧時間的基準值} 250℃‧15 分鐘

2. 先從烤箱裡取出無水鍋®,並將覆蓋於上方的下鍋取下。

3. 在取下下鍋的狀態下,將鍋蓋與麵團重新放回烤箱中,降低溫度後,再次烘烤。

   {溫度‧時間的基準值} 200℃至 220℃‧10 至 15 分鐘

- - - 透過無水鍋®的作用,即使沒有水蒸氣,也能綻開裂紋。詳細內容請參照P.69。若手邊沒有無水鍋®,請依照基本食譜P.65,以鋼盆蓋烤。

Lesson 3's arrange recipe

天然酵母の鬆軟歐式麵包

以天然酵母製成的鬆軟歐式麵包。
細細品嚐綠葡萄乾酵母的絕妙風味!

● 材料 歐式麵包(直徑約 21cm 大)1 條

法國麵包專用粉(中高筋粉)	250g	100%
天然酵母元種(歐式麵包用)	70g	28%
鹽	5g	2%
水	162.5g	65%
裸麥粉	適量	
手粉	適量	

● 作法

- - - 天然酵母元種稍微剝碎,浸泡在水中1至3分鐘,其餘培養法與星野酵母相同。培養時間培養時間依天然酵母養成的成果不同而有所差異,有時一次發酵就要花上10至14小時。而一次發酵倍增率約為2.5至3倍。

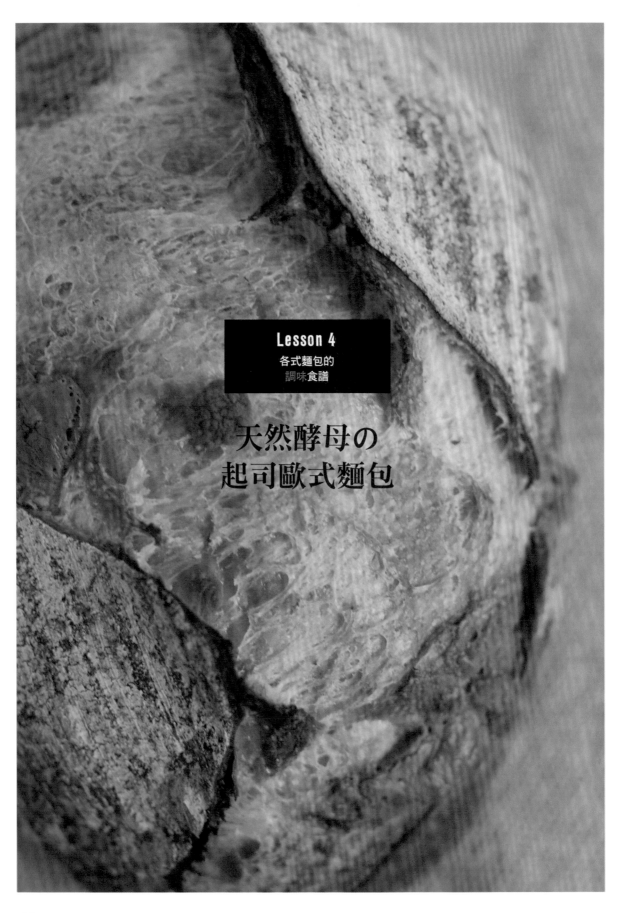

Lesson 4
各式麵包的
調味食譜

天然酵母の
起司歐式麵包

起司歐式麵包起司融化所飄揚的香氣，令人食指大動。

利用綠葡萄乾起種的天然酵母製作元種，經手工烘烤而成的天然美味。

準備・計量

● 器具 --- 請參照練習食譜P.67

● 材料　歐式麵包（約 13cm×19cm、高 6cm 大小）1 條

法國麵包專用粉（中高筋粉）	250g	100%
天然酵母元種（歐式麵包用）	70g	28%
鹽	5g	2%
水	170g	68%
天然起司	80g	32%
裸麥粉	適量	
手粉	適量	

❶ 準備・計量

將天然酵母元種放上電子秤測量重量後，稍微弄碎並浸泡在水中 1 至 3 分鐘。起司切成適當的大小。

攪拌

❷ 混合攪拌

將法國麵包專用粉（中高筋粉）、鹽約略地攪拌，再加入水與天然酵母元種混合拌勻。

❸ 靜置醒麵

❹ 揉麵

一次發酵 --- 請參照基本食譜P.57至P.58

❺ 進行發酵　❻ 拍打麵團

❼ 持續進行

--- 培養時間依天然酵母養成的成果不同而有所差異，有時一次發酵就要花上10至14小時。而一次發酵倍增率約為2.5至3倍。

成　型

❽ 移至作業檯上

❾ 延展成正方形，大小約 20cm×20cm。

❿ 摺成三褶

將 2/3 的起司量放在麵團上，由上下兩側將麵團摺成三褶。

⓫ 再次摺成三褶

將剩餘起司的 2/3 量放上去，由左右兩側將麵團摺成三褶。

⓬ 塑型

將剩餘的起司全部放上去，並將麵團上下對摺後，捏緊麵團四周收邊，輕輕滾動，再整成海參的形狀。

二次發酵 --- 請參照練習食譜P.67

⓭ 置於橢圓型發酵籐籃內進行二次發酵

{溫度・時間的基準值} 22℃至 25℃・90 分鐘

⓮ 開始預熱

割畫出裂紋

⓯ 移至烘焙紙上

⓰ 割畫出裂紋，切割一條波形裂紋。

烘　烤 --- 請參照練習食譜P.67

⓱ 放入烤箱

⓲ 烘烤完成

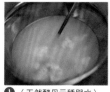
❶（天然酵母元種與水）

❿（放上起司）

❿（由下往中間摺）

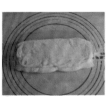
❿（由下往中間摺）

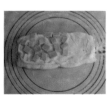
⓫（放上起司）

⓫（由右側摺入）

⓫（由左側摺入）

⓬（放上起司）

⓬（上下對摺）

⓰

天然酵母の
核桃葡萄乾歐式麵包

將香氣濃郁的核桃與酸甜的葡萄乾放入麵團中,作成美味的雜糧歐式麵包。

由於添加了多種的餡料,須先切割麵團疊放後,再加以成型。

建議塑成簡單的巨蛋形即可。

準備・計量

● 器具 - - - 請參照練習食譜P.67

● 材料　歐式麵包（約13cm×19cm、高6cm大小）1條

法國麵包專用粉（中高筋粉）	250g	100%
天然酵母元種（歐式麵包用）	70g	28%
鹽	5g	2%
水	170g	68%
核桃	約50g	20%
葡萄乾	約40g	16%
裸麥粉	適量	
手粉	適量	

❶ 準備・計量

將天然酵母元種放上電子秤秤重後，稍微弄碎並浸泡在水中1至3分鐘。胡桃與葡萄乾分別秤重，葡萄乾浸泡在水（份量外）中3至5分鐘後，再以廚房紙巾確實的拭乾水分。核桃以140℃的烤箱烤15至20分鐘後，靜待冷卻。

攪拌

❷ 混合攪拌

將法國麵包專用粉（中高筋粉）、鹽約略攪拌後，再加入水與天然酵母元種混合拌勻。

❸ 靜置醒麵　❹ 揉麵

一次發酵　- - - 請參照基本食譜P.57至P.58

❺ 進行發酵　❻ 拍打麵團

❼ 持續進行

- - - 培養時間依天然酵母養成的成果不同而有所差異，有時一次發酵就要花上10至14小時。而一次發酵倍增率約為2.5至3倍。

成型

❽ 移至作業檯上　❾ 拉長延展成長方形

❿ 均分成二等分後，再重疊

將核桃與葡萄乾撒在麵團上，以刮板分成二等分，將二片麵團重疊，再摺成兩褶，以手輕輕按壓。

⓫ 再次分成二等分並重疊

以刮板將麵團分成二等分後，再將二片麵團重疊，並摺成兩褶，以手輕輕按壓。

⓬ 塑型

滾圓一次後，再輕輕滾動，並整成海參的形狀。

二次發酵　- - - 請參照練習食譜P.67

⓭ 置於橢圓形發酵籐籃內進行二次發酵

{溫度・時間的基準值} 22℃至25℃・90分鐘

⓮ 開始預熱

割畫出裂紋

⓯ 移至烘焙紙上

⓰ 割畫出裂紋，斜切5條裂紋。

烘烤　- - - 請參照練習食譜P.67

⓱ 放入烤箱　⓲ 烘烤完成

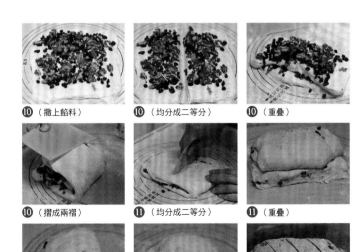

❿（撒上餡料）　❿（均分成二等分）　❿（重疊）

❿（摺成兩褶）　⓫（均分成二等分）　⓫（重疊）

⓫（摺成兩褶）　⓬（整圓）　⓰

● 將餡料放在麵團上的時機

葡萄乾之類的果乾，可以從攪拌的階段就揉入麵團中。但在成型階段揉入，可以添加大量的餡料，且果乾的甘甜與香氣會滲入麵團中，當烘烤完成時，香氣也會變得更加濃郁。果乾的外觀經烘烤會變形，顏色也會顯現在麵團上。另外，葡萄乾的糖分，會使一次發酵耗費較長的時間。

圖中為揉麵階段就添加了核桃與葡萄乾的麵心剖面。

Lesson 5
提升實力的
進階食譜

巧克力大理石花紋の
歐式麵包

製作歐式麵包中極具人氣的大理石花紋歐式麵包，雖然麵團的處理有些棘手，

但是烘烤完成時，那獨特的外觀與美麗的大理石紋麵心，卻是魅力萬分。

準備・計量

● 器具
以 P.54 基本食譜的器具為主，變更下列幾點。
・攪拌用調理盆（中）更改成 2 件。
・發酵用濾籃與布（1 片）更改成圓型發酵籐籃（大：內徑 20.5cm× 高 8cm）。
・蓋烤用鋼盆更改成無水鍋 ®。若手邊沒有無水鍋 ®，改以大型鋼盆替代。

● 材料　歐式麵包（約直徑 20cm、高 8cm 大小）1 條

（原味麵團用）			鹽	4.4g	2%
法國麵包專用粉（中高筋粉）	250g	100%	水	163g	74%
天然酵母元種（歐式麵包用）	70g	28%	可可泡打粉	22g	10%
鹽	5g	2%	巧克力豆	60g	27.7%
水	163g	65%	（其他）		
（可可麵團用）			裸麥粉	適量	
法國麵包專用粉（中高筋粉）	220g	100%	裸裸麥粉	適量	
天然酵母元種（歐式麵包用）	62g	28%			

❶ 準備・計量

分別將原味&可可麵團所需的天然酵母元種浸泡在個別份量的水中約1至3分鐘。將可可麵團用的可可泡打粉秤重並篩過後，混合法國麵包專用粉。

| 攪　拌 |

❷ 混合攪拌

將原味&可可麵團，與其各別使用的天然酵母元種和水一起加入，並進行攪拌。

❸ 靜置醒麵

❹ 揉麵

| 一次發酵 |　--- 請參照基本食譜P.57至P.58

❺ 進行發酵　❻ 拍打麵團

❼ 持續進行

- - - 培養時間依天然酵母養成的成果不同而有所差異，有時一次發酵就要花上10至14小時。而一次發酵倍增率約為2.5至3倍。

| 成　型 |

❽ 移至作業檯上

❾ 拉長延展成長方形

可可麵團的大小要延展得比原味麵團還要稍微小一些。

❿ 摺成三褶

將可可麵團疊放在原味麵團上，並將2/3的巧克力豆撒在麵團上，由上下兩側將麵團摺成三褶。

⓫ 再次摺成三褶

將剩餘的巧克力豆撒在麵團上，由左右兩側將麵團摺成三褶。

⓬ 整圓

| 二次發酵 |

⓭ 置於圓形發酵籐籃（大）進行二次發酵

圓形發酵籐籃（大）撒上裸麥粉後，將麵團收口朝上放入，並覆蓋上擰乾的濕布後，進行二次發酵。

{溫度・時間的基準值} 22℃至25℃・90分鐘

⓮ 開始預熱

將烤盤與無水鍋放入烤箱內，以280℃來預熱。

- - - 請參照基本食譜P.63
　　若手邊沒有無水鍋 ®，烘烤的方法與基本食譜P.63相同，以鋼盆（大）蓋烤。

| 割畫出裂紋 |　--- 請參照基本食譜P.64

⓯ 移至烘焙紙上

⓰ 割畫出裂紋

| 烘　烤 |

⓱ 放入烤箱

迅速將預熱好的無水鍋®從烤箱裡取出，將麵團連同烘焙紙一起放在鍋蓋上，蓋上下鍋後放入烤箱。

⓲ 烘烤完成

1. 降低溫度後，烘烤。
　　{溫度・時間的基準值} 250℃・15分鐘
2. 先從烤箱裡取出無水鍋®，並將覆蓋於上方的下鍋取下。
3. 在取下下鍋的狀態下，將鍋蓋與麵團重新放回烤箱中，降低溫度後，再次烘烤。
　　{溫度・時間的基準值} 220℃・15分鐘
4. 降低溫度後，再次烘烤。
　　{溫度・時間的基準值} 200℃・15分鐘

- - - 若手邊沒有無水鍋 ®，的烘烤方法與基本食譜P.65相同。使用鋼盆蓋烤，請於烘烤完成後，將溫度調降至200℃，續烤15分鐘的時間。

❾

❿（撒上巧克力）

❿（由上往下摺）

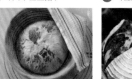
❿（由下往上摺）

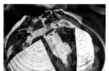
⓫（撒上巧克力）

⓫（由右側摺入）

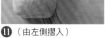
⓫（由左側摺入）

⓬

⓭

⓲-3

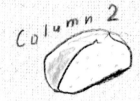

Column 2

關於彼此

一開始是在網路上，以一樣是熱愛麵包的同好身分認識的。如今兩人關係已經深厚到超越麵包同好的境界。接下來，就來聊聊我們兩人關係。

Ⓥ …vivian　Ⓢ …そらママ。

第一印象

Ⓥ 因為之前只看過對方的頭像照，「比想像中還要漂亮的人」是我對她的第一印象（笑）。記得第一次見面時，好像還因為太高興而互相擁抱哭泣吧？

Ⓢ 「果真是個美人胚子啊！」總之記得第一次見面時超感動，現在那份感動不知跑到哪兒去了……（笑）。開玩笑的啦，現在還是持續著相知相遇的喜悅（笑）。

介紹對方

Ⓥ 不管作什麼事都有計劃，且能拿捏得恰到好處。覺得她就是一位個性很認真的人。好像有點認真過頭，不過偶爾也會有「怎麼會這樣」讓人摸不著頭緒的時候（笑）。

Ⓢ 她的個性大而化之。原本以為她是那種作事井然有序、一板一眼的人，結果相反（笑）。不過，對於堅持的事情，卻是個完美主義者。還有一點，她很溫柔（笑）。

兩人平時的關係

Ⓥ 雖然兩人分別在關西與關東地區，但一星期會通個3次電話左右。不只聊麵包，還有家務事或媽媽經，不論是開心還是難過的事情，天南地北無所不談。不僅是好的談心對象，也是一個能打屁、消磨時間的好朋友（笑）。

Ⓢ 像是兩個中年夫婦般的關係吧（笑）。不用每件事都一一交待，就能心靈相犀。不只是麵包、幾乎什麼都能聊，聊天範圍還滿廣的……（笑）。

覺得對方厲害之處

Ⓥ 作任何麵包都能臻於完美。不論是山形土司、棍子麵包、歐式麵包或可頌，不只外觀，連口感都無可挑剔。最厲害的莫過於她對於美味的天分。

Ⓢ 她對自己的堅持所付出的努力，真是令人敬佩。不過，也可說她是不服輸的個性啦（笑）。話說回來，有人的個性是連對自己喜愛的東西都不願百分百去努力，所以我個人還是喜歡vivian這樣的個性。

覺得對方……不是很滿意之處

Ⓥ 沒有繪畫天分。總覺得她對圖片的質感不是很在意（笑）。明明能烤出誘人的麵包，真的想請她努力拍出更有吸引力的圖片，連表情貼圖都千篇一律（笑）。

Ⓢ 覺得她有些小家子氣（笑）。動不動就是負面的想法「妳看看那個人！就跟妳說他還好吧……」兩個人總像是在演搞笑劇般很有戲（笑）。

關於合宿

Ⓥ 平常打電話一邊確認事項，一邊烤麵包。在製作本書時，是在短時間內火如荼地烤了一堆麵包。雖然很累，但還是很想再來一次。

Ⓢ 平常悶著頭烘烤著麵包，常會出現「不行，還是搞不懂」的情況。即使是兩人聚在一起作麵包，還是會花時間在看起來像是作白工的事情上（笑）。但是當兩人試了一起燒烤麵包後，才第一次真正瞭解彼此作事的習性。

Tin Bread

雖然是Coupe Junkies，卻出現了山形土司。

山形土司是日本人最耳熟能詳且最受喜愛的麵包，

起初接觸山形時，直接以酵母菌烘烤，

在烘烤的過程中，才領悟到製作山形土司是一門深奧的學問。

要如何讓麵團均勻地在土司模中發酵呢？

山峰又該如何才能高聳分明呢？

世界之大多少奇峰異石，但終究還想一登最酷的頂峰！

即使沒裂紋，但骨子裡還是有著麵包癮（笑）。

時至今日，放入烤箱時都還是兩眼緊盯，

帶著忐忑不安的心情，看著麵團慢慢地發酵膨脹……

濕潤鬆軟の山形土司（三峰）

就如同棍子麵包或歐式麵包的裂紋，裂紋綻開得漂亮不代表一定好吃。山形土司不會因為膨脹得好看，或山形高聳分明，就比較好吃。但是，光是看到飽滿豐富、起伏有致的山巒，就足以令人感到喜悅。

基本食譜裡，加入5%的油脂。

這5%的油脂，會大大提升烘烤完成的豐富與彈性。

另外，加入油脂的麵團也較容易延展，使揉麵作業更加容易進行。

基本**食譜**的重點

1 飽滿有致的完美比例

麵團在烤箱中盡情奔放延展，形成完美比例的三峰。

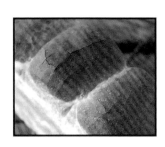

2 有稜有角的山峰表面

山峰表面的硬殼上，出現一道道稜線。

3 溫潤鬆軟的麵心

細緻的氣孔均勻分布在麵心，沒有過大的毛孔，品嚐出溫潤、鬆軟的口感。

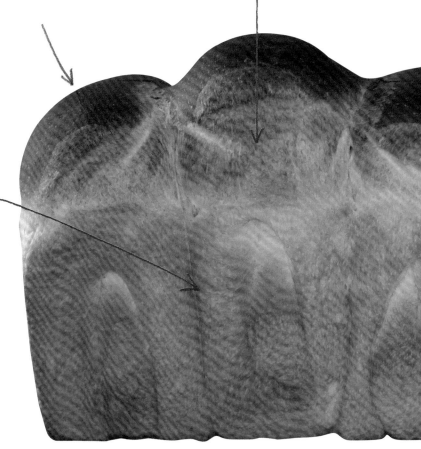

準備・計量

● 器具

電子秤	布
刮板	顆粒擀麵棍
調理盆（中）	1斤型土司模
保鮮膜	麵包機
揉麵發酵板	噴霧器
粉篩計量罐	工作手套（兩雙）

山形麵包需使用土司模型來烘焙。

山形麵包與棍子麵包或歐式麵包不同，需要確實揉麵，所以得借助自動製麵包機。對於已經習慣親手揉麵的人而言，當然可自行揉麵團。

● 材料　土司麵包1斤份

高筋麵粉	300g	100%
星野生種	24g	8%
砂糖	15g	5%
鹽	5.4g	1.8%
水	180g	60%
奶油	15g	5%
手粉	適量	
油（塗於模型用）	適量	

高筋麵粉使用北海道產的小麥粉「HARUYUTAKA」BLEND或香麥。酵母使用星野丹澤酵母法國麵包種的生種。為使麵團能發酵膨脹，請使用完成五日以內的新生種。
山形土司食譜中使用的水為一般飲用水。
以食用油噴霧在模型上噴上薄薄的油，或塗一層起酥油，可幫助輕鬆脫模。手粉則使用與麵團相同的麵粉即可。

①

準備・計量

1. 將高筋麵粉、砂糖、鹽放上電子秤，分別秤重。

2. 再拿其他容器放在電子秤上，將水與星野生種分別秤重。水與星野生種要先混合攪拌。奶油則以電子秤先秤好重量後，放入保鮮膜包起來，並以手指壓扁弄軟。

攪　拌

②
揉麵

1. 將高筋麵粉、砂糖、鹽、水和星野生種放入麵包機內，揉麵 10 分鐘。
　噴散於麵包容器內的粉類，可一邊以刮板刮下，一邊繼續揉麵。

在此階段，雖然粉類與水分已經充分混合，但撐開麵團還不到能呈現薄膜的狀態。

2. 添加奶油，再次以麵包機揉麵 10 分鐘。

3. 將麵團拉長延展，形成一層薄膜並呈滑順伸展的狀態，即表示揉麵完成。

〔揉麵完成溫度的基準值〕22℃

一次發酵

3 進行發酵

以手輕輕整圓後，移至調理盆，覆蓋上保鮮膜，
使麵團發酵膨脹至變大一圈即可。

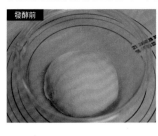
發酵前

發酵前

把麵團整圓，放入調理盆。再
進行一次發酵。

{溫度・時間的基準值}
22℃至25℃・2小時

拍打麵團前

拍打麵團前

歷經2小時後的樣子。
麵團發酵至膨脹變大一圈。

4 拍打麵團

1. 以刮板將調理盆內的麵團拉長並摺疊。

2. 將麵團連同調理盆一起轉動90度，再次以刮板將麵團
拉長並摺疊。於1至2的步驟中，共摺成四褶。

與P.57至P.58鄉村麵包的拍打
麵團相同，都是透過將發酵
而膨脹的麵團用力拉長延展
使其出筋，目的在於使燒烤
完成的麵包產生份量感。

3. 整理調理盆中麵團的表面。

5
再次發酵

覆蓋保鮮膜後，靜置室溫下，
使麵團發酵膨脹至約為發酵前的3倍大即可。

拍打麵團後

拍打麵團後

- - - - - - 麵團拍打結束後，
將麵團整圓。
再讓麵團繼續發酵。

▼ ▼

〔溫度‧時間的基準值〕
22℃至25℃‧10小時

發酵後

發酵後

- - - - - - 發酵結束時的狀態。
拍打麵團的動作會使發酵力倍
增，增加麵團膨脹的份量感。

| 分　割 |

6
移至作業檯上

作業檯、刮板均撒上手粉。
將刮板貼於調理盆內側面，繞一圈刮離麵團後，再將麵團由調理盆內取出，
平滑面（接觸空氣的面）朝下，靜置於作業檯上。

7
分割

使用刮板將麵團分割成三等分，再以電子秤將麵團各別秤重，
只有其中一個麵團要少於10g至15g，
其他兩個麵團則是相同重量。

- - - - - - 重量較輕的麵團，
作為三峰中央的主峰位置。

中間發酵

8 中間發酵

1. 將每個麵團置於掌心輕輕揉圓後，將收口處朝下，以稍微遠離其他兩個麵團的狀態，置於作業檯上。

2. 覆蓋上擰乾的濕布後，暫時於室溫下靜置15至20分鐘。

也可將發酵用的調理盆取代濕布，反過來覆蓋上。若麵團表面過於乾燥時，也可以直接使用濕布。

成　型

9 以擀麵棍擀平

1. 取其中一個麵團，以手掌輕輕的壓開。

為了避免麵團表面乾燥，在將其中一個麵團成型時，以調理盆或擰乾的濕布覆蓋在其他兩個麵團上。

2. 使用顆粒擀麵棍，一邊將麵團內部的氣體擠出，一邊將麵團擀成圓形狀。兩側的麵團，大約擀成上下17cm×寬13cm的大小。中央的麵團則擀成上下16cm×12cm的大小。

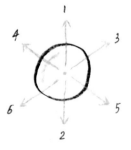

擀麵棍從中心往外側呈放射狀來使用。操作時請避免力道過大而傷害到麵團。

1. 麵團表面撒上手粉後,分別從左右兩邊各 1/4 多一點之處往內摺,使左右反摺到中間處並稍微重疊。以手指輕輕按壓重疊部分的麵團,同時整勻一下麵團的厚度。

2. 於麵團表面撒上手粉,自麵團的一端,力道輕且均勻地將麵團捲起來。

3. 當麵團捲完時,以手指夾著下方的麵團,捏緊接合處作收口。

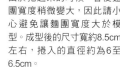

由於捲起來的時候,會使麵團寬度稍微變大,因此請小心避免讓麵團寬度大於模型。成型後的尺寸寬約8.5cm左右,捲入的直徑約為6至6.5cm。

4. 另外兩個分割好的麵團,也是同樣依 **⑨**-1 至 **⑩**-3 的步驟製作成型。

二次發酵

⑪

二次發酵

1. 於土司模內塗一層油，並將麵團收口朝下放入土司模中，以噴霧器於麵團表面噴灑 4 至 5 次水霧。

2. 置於溫暖處，使其進行二次發酵。待麵團膨脹至距模型口 1cm 至模型同高的位置時，即完成二次發酵。

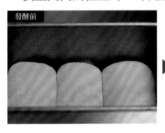
發酵前

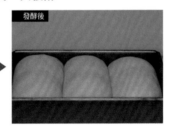
發酵後

〔溫度・時間的基準值〕
33℃・90 至 100 分鐘

✚ 使麵團延展（烘烤伸展）均勻的竅門

注意麵團的用量 & 捲作的方向

為使三峰麵團能在烘烤時均勻延展，必須將容易受兩側山峰擠壓而變形的中央山峰麵團，減量使用。

在裝入模型時，最好讓左右兩側麵團的捲入的方向呈對稱放入模型中。若從側邊看模型時，左側山峰呈順時針方向捲入，右側山峰則以逆時針方向捲入，左右對稱可使麵團均勻延展。

放入模型中的麵團順序與捲入的方向。

烘　烤

⑫ 烘烤完成

1. 於麵團表面噴灑 4 至 5 次水霧後，放入烤箱烘烤。

｛溫度 · 時間的基準值｝
140℃ ·20 分鐘（cold start）

● **cold start**
採取不預熱，慢慢烘焙完成的燒烤方式，稱為cold start。製作山形土司的時候，透過cold start的燒烤方式，會使延展變得更加均勻。

由於瓦斯烤箱的溫度比電爐烤箱容易急速升高，因此最好先以100℃烘烤10分鐘後，調高溫度至150℃，再烘烤10分鐘。

2. 調高溫度後，再次烘烤。

｛溫度 · 時間的基準值｝ 200℃至 210℃ ·25 分鐘

⑬ 排除蒸氣後脫模

戴上兩層工作手套後，將土司模從烤箱中小心取出，從大約 30cm 的高處快速地往下扔在耐熱檯上，以便排除蒸氣。此動作重複 2 至 3 次後，再拿著土司模傾斜放倒後搖晃，將土司脫模。

基本食譜變化款の
條狀山形土司

若無法順利延展，請嘗試以條狀成型來練習。

條狀山形土司，由於麵團無分割，較容易盡情延展。

且能夠快速成型，大受初學者喜愛。

準備・計量

● 器具 --- 請參照基本食譜P.86

● 材料 --- 請照基本食譜P.86

① 準備・計量

攪　拌　--- 請參照基本食譜P.87

② 揉麵

一次發酵　--- 請參照基本食譜P.88至P.89

③ 進行發酵　④ 拍打麵團
⑤ 持續進行

分　割

⑥ 移至作業檯上

⑦ 省略分割步驟，直接進行中間發酵的階段。

中間發酵

⑧ 中間發酵
將麵團置於掌心輕輕揉圓後，覆蓋上擰乾的濕布，
暫時於室溫下靜置15至20分鐘。

成　型

⑨ 以擀麵棍擀平
1. 輕輕壓開麵團。
2. 使用顆粒擀麵棍，一邊將麵團內部的氣體擠出，
　一邊將麵團擀成上下約30cm，寬度比土司模長邊
　方向稍窄的大小。
--- 此時麵團的寬度方向，是朝土司模的長邊方向放入。
　　因為在捲入時，麵團會稍微往外擴，所以在此階段要事
　　先將麵團擀得比土司模的長邊還要來的窄小。

⑩ 捲入
1. 自麵團的一端，力道均等地將麵團捲起來。
2. 當麵團捲好時，以手指夾著下方的麵團，捏緊接
　合處作收口。

二次發酵

⑪ 二次發酵
1. 土司模內塗一層油，並將麵團收口朝下放入土司
　模中，以噴霧器於麵團表面噴灑4至5次水霧。
2. 置於溫暖處，使其進行二次發酵。待麵團膨脹至
　距模型口2cm的位置時，即完成二次發酵。
　〔溫度・時間的基準值〕 33℃・80至90分鐘

烘　烤

⑫ 烘烤完成
1. 於麵團表面噴灑4至5次水霧後，放入烤箱烘烤。
　〔溫度・時間的基準值〕 140℃・20分鐘
　　　　　　　　　　　　　（cold start）
2. 調高溫度後，再次烘烤。
　〔溫度・時間的基準值〕 200℃至210℃・25分鐘

⑬ 排除蒸氣後脫模

⑨-2

⑩-1

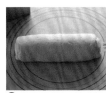
⑩-2

⑪-1（二次發酵前）

⑪-2（二次發酵後）

口感 Q 彈の山形土司（三峰）

基本食譜中為了作出鬆軟麵心，因而特別著重在麵團的份量感。在應用食譜中，透過增加粉量，抑制發酵，可以烤出了Q彈扎實口感的麵心，作出更有嚼勁的山形土司，嚐起來相當美味可口。

由於不添加油脂，麵團較容易損傷，揉麵時請小心處理。

基本食譜與應用食譜的差異

濕潤鬆軟の山形土司
（基本食譜）

添加了油脂後，麵心較濕潤易入口。香氣濃郁，口感鬆軟綿密，美味得令人百吃不厭。細緻的紋理如下圖。

口感Q彈の山形土司
（應用食譜）

麵心的口感Q彈，帶有嚼勁。透過增加粉量，添加油脂，並抑制發酵的方式，作出富有彈性的口感。紋理的較粗如下圖。

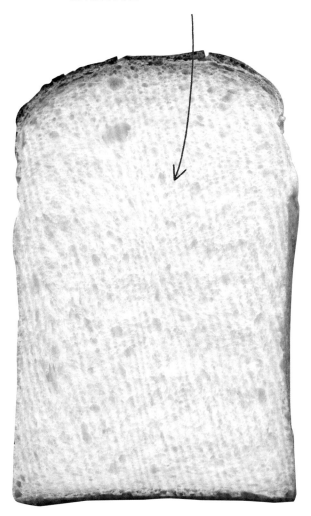

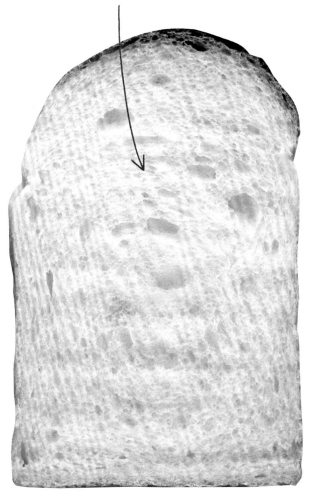

準備・計量

● 器具 --- 請參照基本食譜P.86

● 材料　土司麵包1斤份

高筋麵粉	350g	100%
星野生種	28g	8%
砂糖	10.5g	3%
鹽	6.3g	1.8%
水	189g	54%
手粉	適量	
油（塗於模型用）	適量	

--- 粉量比基本食譜多增加50g，不使用油脂。

❶ 準備・計量

將高筋麵粉、砂糖、鹽放上電子秤，量測重量。
再將水與星野放入其他容器內秤重，並輕輕混合攪拌。

攪　拌

❷ 揉麵

將高筋麵粉、砂糖、鹽、水和星野生種放入麵包機內，揉麵20至23分鐘。以手將麵團拉長延展時，呈現光滑且略帶透光的狀態，即表示揉麵完成。

--- 無添加油脂，需稍微延長揉麵時間，以確實出筋，揉成韌性較強的麵團。

一次發酵

❸ 進行發酵

{溫度・時間的基準值} 22℃至25℃ ・10 至 10.5 小時
省略 ❹ ❺ 拍打麵團・持續進行的步驟，直接進行分割的階段。

--- 省略拍打麵團的步驟，作出紋理較粗且口感Q彈有嚼勁的麵心。發酵倍增率約為2.5倍。

分　割 --- 請參照基本食譜P.89

❻ 移至作業檯上

❼ 分割

中間發酵

❽ 中間發酵

1. 將每個麵團置於掌心輕輕揉圓後，將收口處朝下，三個麵團保持一定的距離，置於作業檯上。

2. 覆蓋上擰乾的濕布後，暫時於室溫下靜置20至30分鐘作中間發酵。

--- 比基本食譜，水分較少，也不添加油脂，因此需拉長中間發酵時間，以便鬆弛麵團。

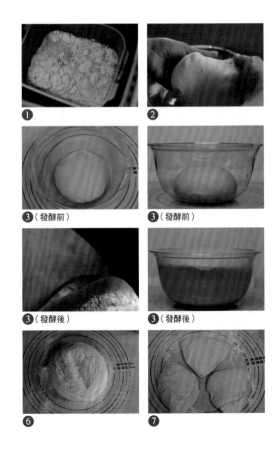

❶　❷
❸（發酵前）　❸（發酵前）
❸（發酵後）　❸（發酵後）
❻　❼

成　型

⑨ 以手指壓平麵團

取一個麵團，並以手指按壓，延展成直徑約13cm的大小。

⑩ 整圓

1. 摺成四褶。
2. 再次整圓
3. 另外兩個分割好的麵團，也依 ⑨ 至 ⑩-2的步驟來成型。

--- 作出的麵團比基本食譜硬，請避免硬拉或弄傷麵團。

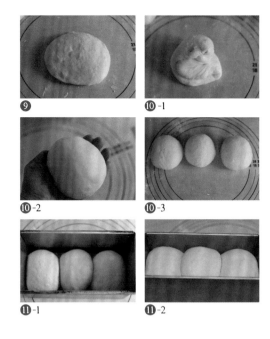

⑨　⑩-1

⑩-2　⑩-3

⑪-1　⑪-2

二次發酵

⑪ 二次發酵

1. 於土司模內塗一層油，並將麵團收口朝下放入土司模中，再以噴霧器於麵團表面噴灑4至5次水霧。
2. 置於溫暖處，使其進行二次發酵。待麵團膨脹至距模型口2.5cm時，即表示完成二次發酵。

　{溫度・時間的基準值}　33℃・70至80分鐘

烘　烤　--- 請參照基本食譜P.93

⑫ 烘烤完成

⑬ 排除蒸氣後脫模

Lesson 3's arrange recipe

天然酵母のQ彈山形土司

使用天然酵母製成的口感Q彈山形土司。
花時間慢慢發酵。

● 材料　土司1斤份

高筋麵粉	300g	100%
天然酵母元種（山形土司用）	81g	27%
砂糖	10.5g	3.5%
鹽	5.4g	1.8%
水	162g	54%
手粉	適量	
油（塗於模型用）	適量	

● 作法

--- 天然酵母元種稍微剝碎後，浸泡在水中1至3分鐘，其餘則與星野酵母的方式相同。培養時間依天然酵母養成的成果不同而有所差異。

Lesson 4
各式麵包的調味食譜

黑糖葡萄乾山形土司

黑糖與葡萄乾組合成深獲大人與小孩喜愛的山形土司。

麵團作法為混合葡萄乾後，再以條狀成型。

準備・計量

● 器具 - - - 請參照基本食譜P.86

● 材料　司麵包1斤份

高筋麵粉	300g	100%
星野生種	27g	9%
黑糖	15g	5%
鹽	5.4g	1.8%
水	180g	60%
奶油	15g	5%
葡萄乾	120g	40%
手粉	適宜	
油（塗於模型用）	適宜	

❶ 準備・計量

事先以電子秤將高筋麵粉、黑糖、鹽秤重。再將水與星野生種放入其他容器內秤重，並混合攪拌。奶油要先壓扁弄軟，葡萄乾秤好重量後浸泡熱水（份量外），並瀝乾水分。

攪　拌

❷ 揉麵後，添加葡萄乾混合攪拌。

1. 將高筋麵粉、砂糖、鹽、水和星野生種放入麵包機內，揉麵10分鐘。添加奶油，再次以麵包機多揉個10分鐘。
2. 將麵團移至作業檯上，並使用顆粒擀麵棍擀平後，把2/3的葡萄乾量捲入麵團中。
3. 轉90度改變麵團的方向後，以顆粒擀麵棍再次擀平。
4. 將剩餘的葡萄乾捲入。

- - - 目的在於將葡萄乾捲入麵團中，不必太過執著於麵團擀平的大小或是厚度。若壓碎葡萄乾，會使糖分流出，而影響發酵的結果，因此請盡可能避免壓碎葡萄乾。

一次發酵　- - - 請參照基本食譜P.88至P.89

❸ 進行發酵

❹ 拍打麵團

❺ 持續進行

- - - 葡萄乾帶有有糖分，使麵團膨脹至3倍大，有時需多花費30至60分鐘左右的時間。

分　割　- - - 請參照基本食譜P.95

❻ 移至作業檯上

⑦ 省略分割步驟，直接進行中間發酵。

中間發酵　- - - 請參照基本食譜P.95

❽ 中間發酵

成　型　- - - 請參照基本食譜P.95

❾ 以擀麵棍擀平

❿ 捲入

二次發酵　- - - 請參照基本食譜P.95

⓫ 二次發酵

烘　烤　- - - 請參照基本食譜P.95

⓬ 烘烤完成

⓭ 排除蒸氣後脫模

❷-2

❷-3

❷-4

❸（發酵前）

❺（發酵完成）

太白胡麻山形土司

以太白胡麻油當作烘焙用油所製作的麵包放置隔日仍可持續濕潤的口感。

麵團裡也揉入了白芝麻與黑芝麻，是一款富含芝麻香氣的美味山形土司。

準備・計量

● 器具 --- 請參照基本食譜P.86

● 材料　土司麵包1斤份

高筋麵粉	320g	100%
星野生種	25.6g	8%
砂糖	16g	5%
鹽	5.8g	1.8%
水	176g	55%
太白胡麻油	9.6g	3%
白芝麻	15g	4.7%
黑芝麻	15g	4.7%
手粉	適量	
油（塗於模型用）	適量	

❶ 準備・計量

將高筋麵粉、砂糖、鹽、白芝麻和黑芝麻放上電子秤測量重量，再將水與星野生種放入其他容器內秤重，並混合攪拌。再取另一個容器倒入太白胡麻油，放上電子秤秤好重量。

攪　拌

❷ 揉麵

1. 將高筋麵粉、砂糖、鹽、白芝麻和黑芝麻放入麵包機內，約略地混合攪拌。
2. 添加水與星野生種後，揉麵10分鐘。
3. 加入太白胡麻油後，再次揉麵10分鐘。
4. 將麵團拉長延展，形成一層薄膜並呈滑順伸展的狀態時，即表示揉麵完成。

一次發酵

❸ 進行發酵

以手輕輕整圓麵團，移至調理盆內，覆蓋保鮮膜後，使其發酵膨脹至大約2.5倍大即可。

〔溫度・時間的基準值〕 22℃至25℃ ・10至10.5小時

省略 ❹ ❺ 拍打麵團・持續進行的步驟，直接進行分割的階段。

分　割　--- 請參照基本食譜P.89

❻ 移至作業檯上
❼ 分割

中間發酵　--- 請參照基本食譜P.90

❽ 中間發酵

成　型

❾ 以手指壓平麵團

取一個麵團，並以手指按壓使之延展成直徑約13cm的大小。

❿ 整圓

1. 摺成四褶。
2. 再次整圓。
3. 另外兩個分割好的麵團，同樣依照 ❾ 至 ❿ -2的步驟來成型。

--- 不宜依基本食譜來延展，請參照應用食譜P.99來成型。

二次發酵

⓫ 二次發酵

1. 於土司模內塗一層油，並將麵團收口朝下放入土司模中，以噴霧器於麵團表面噴灑4至5次水霧。
2. 置於溫暖處，使其進行二次發酵。待麵團膨脹至距模型口2至2.5cm的位置時，即完成二次發酵。

〔溫度・時間的基準值〕 33℃ ・70至80分鐘

--- 請參照基本食譜P.93

烘　烤

⓬ 烘烤完成
⓭ 排除蒸氣後脫模

❷-1

❷-3

❷-4

❸（發酵完成）

⓫（二次發酵後）

關於設備&器具

在此整理出我們所使用的設備&器具。右頁也有詳細說明的內容，請兩邊對照參考。

Ⓥ …vivian　Ⓢ …そらママ。

烤箱

Ⓥ 我最常使用的烤箱是Panasonic的R-302與NE-SV30HA這2台機型。此外，還有內嵌式的NE-DB801及Rinnai桌上型瓦斯烤箱RCK-10AS。

Ⓢ National的Bistro NE-W300與搬家時追加了內嵌式的瓦斯烤箱Rinnai RBR-U12C。

發酵環境

Ⓥ 最初是使用烤箱的發酵功能，後來漸漸需要更細微的溫度設定（很想要可頌的發酵器），所以買了一台發酵器F-3000。

Ⓢ 最初是使用烤箱的發酵功能，或放在冷藏室的上層及在保麗龍裡放入熱水控制溫度的方式。大體上就是配合季節找尋適溫之處（像是冷藏室上方等）。現在則是使用發酵器F-3000。

麵包機

Ⓥ Panasonic SD-MB103-D × 2台。揉歐式麵包或山形土司時使用。還有一台可揉1kg麵團的L KNEADER KN-1000的揉麵機，但現在幾乎都沒在使用。

Ⓢ 主要使用National的SD-BT113。家裡雖然有一台Delonghi・Pastry MX270J-R，現在就只有在作甜點時比較常用。

其他的設備&道具

Ⓥ 最方便的就屬恆溫器MSO-R1025（MASAO）。可設定比發酵器更低的溫度、比冷藏室更高的溫度，操作上非常有彈性。主要用於一次發酵或酵母起種時使用。

Ⓢ 恆溫器MSO-R1025，我幫他取了愛稱MASAO。特別是夏天時用於處理麵團或酵母，最為方便！

列入購買清單

Ⓥ 「武藏Fils」或「Petit・backen」（兩台都是家庭用專業級烤箱）。等哪天有餘裕時，買一台回家放（笑）。

Ⓢ 應該是T-fal的麵包機吧！其實連棍子麵包，現在都已經是使用麵包機烘焙的時代了……有一種想要試看看的衝動（笑）。再來，就是一般的烤箱。因為家裡那台壽命已經快到終點了（泣）。

必買的設備與器具

Ⓥ 橫幅再寬一點的水蒸氣烘烤微波爐！要是有推出橫幅寬60公分的烤箱，我想世界上眾多麵包迷們，都會忍不住想買一台呢！要是價格又與現行機種相去不遠，我一定會列入必買清單！

Ⓢ 硬式麵包專用的水蒸氣烘烤微波爐！不需要微波或其他的功能，只要能耐得住不管幾次硬式麵包，也不會造成機器負擔的烤箱。當然要符合家庭用烤箱尺寸，還有合理價格的條件（笑）。

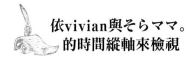

依vivian與そらママ。的時間縱軸來檢視

設備與器具的導入時程

在一般家中烘焙麵包，我認為無須等到所有的設備、道具都準備齊全才開始動手。
能善用手邊有的東西，並不斷提升自己的技術，配合各個時機，一步步地備齊需要的設備與器具才是正確的烘焙之道。
以下就介紹我們的心路歷程，提供給您作參考。

vivian		そらママ。
原本喜歡作料理與甜點。2002年開始一頭栽入麵包的世界。大正電機的kneader與Rinnai的桌上型瓦斯烤箱。	**在此之前**	1994年第一次烤麵包。後，偶爾會烤比薩、貝果等。
	2003年	
結婚。	**2004年**	結婚。趁開始嶄新的生活，購入TOSHIBA的石釜烤箱。購入Panasonic的麵包機 SD-BT113。揉麵時使用。
長女出生。	**2005年**	懷孕。從此開始迷上烘焙麵包的世界。
在mixi網站設立Coupe Junkies Community。	**2006年**	長男出生。
趁搬家機會，購入Panasonic 3星Bistro NE-SV30HA（水蒸氣烘烤微波爐）。開始經營「coupe-feti」blog。	**2007年**	購入National NE-W300 3星Bistro（水蒸氣烘烤微波爐）。
長男出生。購入Shop-OS的銅板。購入Panasonic的麵包機 SD-MB103-D，揉麵時使用。	**2008年**	開始寫blog「broad beans☆」。購入Shop-OS的銅板。趁搬家的機會，購入嵌入式的Rinnai瓦斯烤箱RBR-U12C。
購入Shop-OS的平烤盤。購入恆溫器MSO-R1025。	**2009年**	購入Shop-OS的平烤盤。購入HOME MADE協會的F-3000發酵器。在自宅開設麵包教室。
出版第一本書《coupe-feti vivian 嚴選的麵包食譜》（每日communication）。由於烤箱突然壞掉，因此又購入Panasonic 的3星Bistro R-302。趁搬家機會，購入Panasonic烘烤電磁爐NE-DB801嵌入式機型。還購入了Rinnai桌上型瓦斯烤箱RCK-10AS以及HOME MADE協會的F-3000發酵器。	**2010年**	在vivian推薦下，購入MSO-R1025恆溫器。

各自邁向烘焙麵包的初期時代。外型土氣、裂紋開不了，猶如墜入五里迷霧中摸不著頭緒，但仍繼續埋頭努力。

在網路上認識。製作棍子麵包，互相競比裂紋綻開的程度或邊緣銳利度。

因為使用水蒸氣烘烤微波爐而功力大增，棍子麵包的裂紋順利綻開。此時開始有餘力去注意氣孔的問題。

2月時終於實現了感動的初次見面。銅板的效果讓氣孔激增，烤箱烘焙而成的歐式麵包裂紋也打開了。

由於購入平烤盤，能有效使用烤箱內的容量，烘焙出形狀「纖細」的細長棍子麵包。
そらママ。準備開設麵包教室，vivian也預訂隔年推出新書，便在此時購入能穩定發酵溫度的設備。

為了烤出理想中的麵包

麵包的食譜會依據氣候、使用的器具材料及酵母活力等狀況而有所不同，因此必須適時調整。想要吃到怎樣的口感，就在食譜的基礎上添加其他副食材。但要如何配合每一天當下的需求，運用食譜烤出想要的麵包呢？以下就介紹我們兩人平常使用的調整方法以供參考。

拍打麵團、氣孔與份量的關係。

所謂的拍打麵團的動作，是指將麵團完全擀平後，再反摺回來的流程。通常是在一次發酵的途中進行。

本書於歐式麵包（P.57）與山形土司（P.88）中，使用拍打麵團這個說法。

拍打麵團的動作被認為有三大目的，分別是「分散空氣」、「強化麵筋」、「促進發酵」，而其中最重要的就是「強化麵筋＝揉麵出筋」。

事實上棍子麵包也是以「強化麵筋」為目的，進行拍打麵團的動作。那就是「④揉麵出筋」的流程（P.26）。棍子麵包的基本食譜中，此動作是在進入一次發酵前進行，雖然沒有使用所謂拍打麵團的說法，但拉伸麵團再反摺回來的動作，目的亦為強化麵筋。當然也可依您想要烘焙什麼樣的麵包，來改變拍打麵團的時機、次數與強度。

①烘焙棍子麵包的時候

想要棍子麵包的麵心，佈滿著蜂巢般大的氣孔，所以在發酵前的適當時機，加入拍打麵團的步驟。因為能夠拉長拍打麵團後的發酵時間，所以氣孔會在這期間逐漸變大。當利用拍打麵團來強化麵筋，待烘焙完成時，亦可作出麵包的份量感。因此，當您希望作出麵包的份量、使口感更加綿密時，則需增加兩次拍打麵團的次數；相反的，當您想要抑制麵包的膨脹度，著重在氣孔膜的厚度時，只需進行一次拍打麵團的動作。

②烘焙歐式麵包‧山形土司的時候

在烘焙歐式麵包或山形土司時，無須形成像棍子麵包般的大氣孔。如何麵筋的強化與分散麵團內的空氣是重要的訣竅，因此拍打麵團的時機，安排在發酵期間。

若希望歐式麵包或山形土司在出爐時，有一定程度的份量感，最好在拍打麵團的過程中，多花一些力氣，雖然增加拍打麵團的次數也是方法之一，但由於增加發酵途中拍打麵團的次數，可能會造成麵團過度膨脹，甚至損傷麵團，因此，仍建議次數以一次為限。請配合想要烘焙出的麵包，試著自行調整拍打麵團的強度與次數。

中間發酵與裂紋的關係。

所謂的中間發酵，意指在一次發酵後，歷經了分割‧滾圓‧摺成三褶等階段後，靜置醒麵的步驟。舉例而言，讓原本硬實的山形麵團，藉由醒麵的過程，呈現出柔軟鬆弛的狀態，目的在於不傷害麵團的條件下完成成型的動作。然而，在本書中，棍子麵包‧歐式麵包原則上皆會省略此步驟。

在烘焙棍子麵包與歐式麵包時，為了想讓裂紋開得漂亮，因此會以讓麵團變得稍硬、緊實為目標。由於棍子麵包或歐式麵包這類麵包原本麵團就較為偏軟，因此當重點放在裂紋上時，捨棄中間發酵，直接進入成型階段較為上策。但是為了作出裂紋而使麵團過於緊實，則會導致氣孔變少，麵心過於結實。如果要避免出現這種狀況，若是製作棍子麵包，則要在摺成三褶後，在麵團上覆蓋擰乾的濕布，再進行中間發酵。發酵基準為讓麵團中心的麵筋韌度逐漸消除即可，時間則置於室溫下大約15至30分鐘。

當烘焙像圓形十字歐式麵包這類有高度的麵包時，若採行中間發酵，在成型後，麵團有可能會產生鬆散歪斜的情況。此時最好不要採取中間發酵，改為稍作成型，並加長二次發酵時間，以便使麵團稍稍鬆弛的方法。具體作法請參照P.70至P.73之麵心蓬鬆柔軟的圓形十字歐式麵包。

利用冷藏室來控制發酵。

在自家烘焙麵包時，造成失敗的一個最大理由，往往是「溫度」控制。要讓自家的廚房經常保持在適合麵團發酵的最佳室溫，其實是不可能的。因此，我們必需使用一個在廚房必備的裝置來控制麵團溫度。而這個裝置就是冰箱的冷藏室。

在此冷藏室的功能，大致可分為兩大項：
①一次發酵的調整
②二次發酵的調整。
以下再進一步詳細說明。

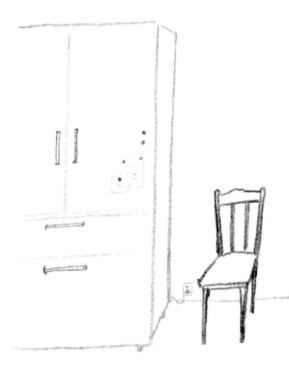

①一次發酵的調整

利用冷藏發酵可穩定且緩慢發酵，有助於增加麵包的香氣。除此之外，還可使用冷藏室作「調整」。

前一晚製作的麵團，隔天早上再進行烘烤時，需先使其發酵到一定程度後，再放入冷藏室內，待隔日烘烤時，麵團的發酵也正好完成，可配合烘烤時間適度調整。此外，還可藉由冷藏室的冰鎮效果，收緊容易鬆弛的麵團，也能有助於後的成型階段。

在本書中的食譜製作中，我們亦是將一次發酵時的麵團放入冷藏室，來調整一次發酵（棍子麵包→P.27、歐式麵包→P.58）。山形土司也是如此，邁入夏天時，一定得借助冷藏室的力量。特別是正值酷暑高溫時，若沒有放入冷藏室來收緊麵團，不僅棍子麵包的裂紋不易打開，也會影響到歐式麵包與山形土司在出爐時的份量感。

說到「份量感」，攪拌後的麵團揉成溫度，也會影響到麵包的份量感。

像是歐式麵包或山形土司這類需要作出份量感的麵包，一次發酵前的麵團狀態極為重要。盡可能讓麵團揉成溫度抑制在22℃以下，並讓滾圓的麵團保持「彈性」的狀態，這些都是必要的條件。

倘若此時，麵團揉成溫度升高，滾圓的麵團鬆弛軟弱，失去了彈力，則可在盛著麵團的調理盆上封上保鮮膜，放入冷藏室靜置約1小時後，將麵團滾圓，再進行一次發酵。特別是一些加水量較高的麵團，更易變得鬆軟，便可使用此方法來調整。

在調整好發酵前的麵團狀態後，使麵團在最穩定的狀況下進行烘烤，提高成功率。

②二次發酵的調整

在二次發酵時，若遇上無法於預定的時間內開始進行烘焙的狀況，可先放入冷藏室中，可抑制（延緩）麵團發酵。

當室溫過高，二次發酵中的麵團變得鬆軟時，冷藏室也可派上用場。

此時須特別注意，勿讓麵團中心部過度冷卻，如果直接將中心部位過冷的麵團送入烤爐烘烤，出爐時很可能就會出現麵心結成團狀；若是棍子麵包，則是出現裂紋爆開的結果。

所以，二次發酵時使用冷藏室，目的在於讓麵團表面收緊，稍稍使其乾燥。

正如前述，我們使用冷藏室須視各種不同時機來調整發酵。

雖說是冷藏室，但其內部溫度或環境，每台冰箱都各有不小的差異。請藉由一次又一次的烘焙經驗，用心觀察麵團的狀況，以手去觸摸感受，逐漸掌握箇中的奧妙。

除了前面所舉的例子之外，還會因為麵粉的種類、加水率等的因素，使得麵團狀態有所改變。本書中食譜是透過我們每日不停歇地烘烤麵包，與其他同樣擁有麵包魂、裂紋癮的同好們，一起研究出來的精華。
對於專業烘焙師而言，本書的方向或許有些偏離，但現在能從學員或讀者口中聽到開心大喊「出爐了！」的聲音，從烤箱中取出依造我們食譜製作的麵包，心中的喜悅總是不言於表。

Coupe Junkies
麵包用語集

以下解說平常寫在blog或文章讀到，或已成為Coupe Junkies同好們日常用語般使用的專業術語。若能了解這些字義，肯定能讓烘焙生活樂趣倍增！其中還收錄一些非正統製作麵包的用語，並不適用於正統的麵包店或麵包師父喔！

註解：同 … 同義詞　反 … 相反詞

あ

【ER】　法國麵包用中高筋麵粉，型號ER的簡稱。

【edge】　指裂紋上特別尖銳邊緣的部分。總覺得裂紋上面若有出現尖銳邊緣，會讓外型顯得格外有個性。

【MKTD】　MAISON KAYSER TRADITIONAL（日清製粉）的簡稱。

【裂紋帶】　指長棍麵包的裂紋與裂紋高起的帶狀部分。若能均等作出線條，即可在外型加分。

【裂紋帶切】　當棍子麵包的裂紋開口過大時，裂紋與裂紋中間的部分就會於途中斷裂開來。雖然是裂紋確實綻開的證據，但外型看起來不甚美觀。

か

【加水率】　加入麵團的水分比例，於烘焙比例中表示。比例愈高愈不易成型、操作難度高，但成功烘焙時的成就感越大。初學者可先從低加水量來試，再逐漸增加含水量為標準操作。同…加水。

【劃開】　為了檢視麵心而劃開麵包。麵心是否綿密Q軟，在沒有切開麵包檢視前，是無從得知的。原以為外表的狀況看起來還不錯，沒想到一劃開卻發現麵心擠在一起或膜過薄的情況，實在令人感到沮喪。不過別想太多，這種情形司空見慣。

【烘烤收縮】　指完全沒有膨脹的山形土司。

【延展（烘烤伸展）】　指麵包的麵團在烤爐中伸展膨脹。山形土司最大的難關。若延展得夠漂亮，總是令人雀躍不已。

【氣孔】　指氣泡。麵心的基本要求……

【吸水】　與加水率意思相同。亦有單純的指麵粉吸水的性質的意思，例如「這種麵粉的吸水性不佳」。

裂紋

【裂紋】　嵌入於麵包表面上的切紋。原本主要目的是為了均勻在麵團上加熱……然而，現在已成為麵包外型夠不夠漂亮的指標。

【外殼】　指麵包的表皮。酥脆、彈牙，是麵包最棒的狀態。

【麵心】　指麵包內側柔軟的部分。氣孔的數量、大小與氣孔膜的厚度為其關鍵。同…內層。

【斷腰】　指麵包的側面摺斷。一旦忘了適時洩掉蒸氣，從模型取出的山形土司等，就會頻頻發生此現象。

【腰高】　舉凡歐式麵包、餐包、可頌等麵包，烘焙膨脹狀況佳，在較高的方向具有份量感，可指外型十分好看。

【麵團揉成溫度】　揉完麵團時的溫度。溫度過高會使麵團鬆軟，此時需先放入冷藏室。

さ

【最終發酵】　同…焙爐

【G】　以綠葡萄乾製作的天然酵母。附在麵包名稱前，係指此麵包是以綠葡萄乾天然酵母所烘焙的麵包。例：G可頌（使用綠葡萄乾天然酵母所烘焙的可頌麵包）。

【G raisin】　以綠葡萄乾製作的天然酵母。發酵力強且穩定，易於使用。

【鹽】　不能忘了放啊！雖說沒加鹽，麵包還是能烘烤（可能會發酵的會更好），所以許多乾脆將錯就錯，只是如此一來，麵包會失去原本的美味。

【自家製】　指天然酵母。若能以天然酵母來取代速發乾酵母來烘焙麵包，成就感更是無敵。

【緊繃】 指麵團呈現「緊縮」的狀態。通常是由於捲得太緊、或用力揉圓所造成。像棍子麵包這類加水性高的麵團，麵團緊實一點，反而較易成型，但若緊繃的太厲害，可能會造成麵心太擠的不利結果。⊗…鬆軟

【破底】 歐式麵包等麵包底部的表皮產生破裂的情況。

た

【鬆弛】 當過度觸碰麵團或溫度過高時，麵團會變得鬆弛，沒有彈力，呈現過於鬆軟的狀態。鬆弛的麵團會使操作不易。

【壓擠】 指麵心的氣孔太小，整個過於擠壓的感覺。通常麵心過於擠壓的麵包，口感大多不佳。擠壓的程度太過誇張時，也有「軋擠」一說，麵包呈現極度無彈性的現象。⊗…氣孔

【鐵板】 以鐵板烘烤出美味不敗的麵包。當持續連敗，烘焙動機已蕩然無存的時候，為了找回感覺，就是該它出場的時候了。

【TERO】 法國麵包專用中高筋麵粉，TERROIR的簡稱。用來烘焙棍子麵包時，很容易烤出裂紋上尖角的部分（edge）。

な

【內層】 同…麵心

【簡易麵包】 不用神經質地去在意裂紋或是有沒有延展，就能烘焙的麵包。小餐包是最代表性的麵包。然而，如果稍不留意，烤出來可能捲入或是高度的狀態，會很不OK，所以也不能太大意喔！

【の之字與／】 關於棍子麵包，「の」之字指捲作方向，斜線則表示嵌入裂紋的方向。聽說捲作方向與裂紋方向具有相關性。

は

【%】 主要是表示烘焙比例。

【爆裂】 指裂紋綻開過大，麵團因膨脹而爆開。也指山形土司過度膨脹之意。

【HARUBURE】 日本產的高筋麵粉，HARUYUTAKA BLEND的簡稱。

【拍打麵團】 指將麵團完全擀平後，再反摺回來的流

程。配合不同的目的，調整此流程的時機、次數、感覺與強度等。詳細情形請參照P.106。

【細裂】 山形土司頂部出現的裂切。是麵包外皮烤至酥脆、延展狀況佳的最好證據。

【烘焙比例】 表示調配的粉類重量若以100%來計，其他材料與麵粉的相對比例。詳細情形請參照P.19。

【薄膜】 指麵心內的氣孔膜較薄。口感酥脆的輕食感。⊗…厚膜。

【二次發酵】 一不小心讓時間拖太長，很容易失敗。同…最終發酵。

【氣孔】 棍子麵包的麵心內充滿坑坑洞洞大小不一的蜂巢氣孔，是令人開心的結果。若是製作麵心綿密的山形土司，結果卻出現一堆氣孔時，那就有些失敗了。⊗…壓擠。

ま

【膜】 指麵心內的氣孔膜。硬質麵包的膜如果較厚，會增加咬勁，作成好吃的麵包。

【厚膜】 指麵心內氣孔的膜較厚。麵包會變得溫潤更有咬勁的口感。⊗…薄膜。

【捲縮】 像是巨口裂紋的圓形十字歐式麵包，部分裂紋從麵團本身分開而捲縮掀起的現象。巨口裂紋的圓形十字歐式麵包就是需要這種捲縮的效果。

や

【鬆軟】 指麵團呈「鬆弛」的狀態。在一次發酵後的中間發酵，目的就是為了要使麵團鬆軟。像是棍子麵包等加水性高的麵團，若麵團過於鬆軟，成型時就顯得困難，所以要注意不可讓麵團過度鬆軟。當麵團過度鬆軟時，請立刻放入冷藏室裡調整。

ら

【Ratora】 高等級麵粉LA TRADITION FRANCAISE法國麵包粉的簡稱。

【Risudo】 法國麵包專用中高筋麵粉LYSDOR的簡稱。初學者都可容易上手。有一說是嘗試了各種不同的麵粉後，最後還是會回到Risudo的懷抱。

烘焙 良品 95

棍子麵包‧歐式麵包‧山形土司
揉麵&漂亮成型烘焙書

....

作　　者／山下珠緒‧倉八冴子
譯　　者／彭小玲
發 行 人／詹慶和
執行編輯／李佳穎‧蔡毓玲
編　　輯／劉蕙寧‧黃璟安‧陳姿伶
執行美編／周盈汝
美術編輯／陳麗娜‧韓欣恬
出 版 者／良品文化館
郵撥帳號／18225950
戶　　名／雅書堂文化事業有限公司
地　　址／220新北市板橋區板新路206號3樓
電　　話／(02)8952-4078
傳　　真／(02)8952-4084
網　　址／www.elegantbooks.com.tw
電子郵件／elegant.books@msa.hinet.net

....

2022年03月二版一刷　定價380元

....

Coupe Junkies No Pan: Baguette, Pan de Campagne, Roundtop bread
by Tamao Yamashita, Saeko Kurahachi
Copyright © 2011 Tamao Yamashita, Saeko Kurahachi
All rights reserved.
Original Japanese edition published by Mynavi Publishing Corporation
This Traditional Chinese edition is published by arrangement with Mynavi
Publishing Corporation, Tokyo in care of Tuttle-Mori Agency, Inc., Tokyo,
through Keio Cultural Enterprise Co., Ltd., New Taipei City.

....

經銷／易可數位行銷股份有限公司
地址／新北市新店區寶橋路235巷6弄3號5樓
電話／（02）8911-0825
傳真／（02）8911-0801

....

國家圖書館出版品預行編目(CIP)資料

棍子麵包.歐式麵包.山形土司：揉麵＆漂亮成
型烘焙書／山下珠緒，倉八冴子著；彭小玲譯.--
二版.--新北市：良品文化館出版：雅書堂文化
事業有限公司發行，2022.03
　　面；　公分.--（烘焙良品；95）
ISBN 978-986-7627-44-5(平裝)
1.CST:點心食譜 2.CST:麵包

427.16　　　　　　　　　　　111002118

STAFF

書籍設計　　八木靜香
插圖　　　　山崎美帆
校正‧校閱　ハナ
編集　　　　成田晴香（株式会社マイナビ）

Special Thanks

Carlos、Rachel、Aidan、ハチ、爽空（そら）

Coupe Junkies